数控编程与加工实训

编著　吴福忠　吕森灿
主审　白忠喜

U0277206

浙江大学出版社
ZHEJIANG UNIVERSITY PRESS

内容简介

本书共分六章,着重介绍了常用数控机床加工程序的编制方法及加工仿真与操作方法。第一章为数控编程基础;第二章为数控程序格式及常用指令;第三章为数控编程中的数学基础;第四章为数控车床编程与加工实训;第五章为数控铣床及加工中心编程与加工实训;第六章为数控电火花线切割机床编程与加工实训。

全书从培养应用型人才的角度出发,精心组织教学内容,合理设计知识体系,注重理论联系实际。在数控加工程序编制方面,以基本指令介绍及手工编程为基础,着重以案例形式介绍计算机辅助编程方法,与工程实际结合更加紧密,实用性、可读性更强。在知识体系设计方面,以实用性较强的程序编制、加工仿真、操作实训为核心,强调技术流程的完整性。

本书既可作为本科院校机电类、高等职业技术院校数控技术与应用和机电一体化等专业的教学用书,也可供从事相关工作的工程技术人员参考。

图书在版编目(CIP)数据

数控编程与加工实训 / 吴福忠,吕森灿编著. —杭州:
浙江大学出版社,2013.8(2023.12 重印)
ISBN 978-7-308-11913-9

Ⅰ.①数… Ⅱ.①吴…②吕… Ⅲ.①数控机床—程
序设计②数控机床—加工 Ⅳ.①TG659

中国版本图书馆 CIP 数据核字(2013)第 170790 号

数控编程与加工实训

吴福忠 吕森灿 编著

责任编辑	王 波
封面设计	续设计
出版发行	浙江大学出版社
	(杭州市天目山路 148 号 邮政编码 310007)
	(网址:http://www.zjupress.com)
排 版	杭州青翊图文设计有限公司
印 刷	广东虎彩云印刷有限公司绍兴分公司
开 本	787mm×1092mm 1/16
印 张	14.5
字 数	353 千
版 印 次	2013 年 8 月第 1 版 2023 年 12 月第 3 次印刷
书 号	ISBN 978-7-308-11913-9
定 价	39.00 元

前　言

随着计算机技术的发展,数字控制技术已经广泛应用于工业控制的各个领域,尤其是机械制造业中,普通机床正逐渐被高效率、高精度、高自动化的数控机床所取代。随着我国机械制造企业中数控机床使用率的提高,企业对数控机床使用及维护人员的需求不断增加。

本书从培养数控加工技术应用型人才的角度出发,精选教学内容,优化教学流程,注重理论联系实际。在知识体系方面,以实用性较强的程序编制、加工仿真、操作实训为核心,强调技术流程的完整性。在数控加工程序编制方面,以基本指令介绍及手工编程为基础,着重以案例形式介绍计算机辅助编程方法。使教学内容与工程生产实际结合更加紧密,实用性更强。此外,本书将数控加工程序编制与加工仿真及操作实训有机结合,使相关内容特别是一些编程实例衔接更为紧密,可读性更强。

全书共分 6 章:第 1 章为数控编程基础;第 2 章为数控程序格式及常用指令;第 3 章为数控编程中的数学基础;第 4 章为数控车床编程与加工实训;第 5 章为数控铣床及加工中心编程与加工实训;第 6 章为数控电火花线切割机床编程与加工实训。

本书由吴福忠担任主编,其中第 1 章、第 2 章、第 3 章由吴福忠编写,第 4 章、第 5 章、第 6 章由吴福忠、吕森灿编写。全书由吴福忠统稿,白忠喜主审。

在本书编写过程中,参阅和借鉴了大量已出版的相关资料,在此向这些资料的作者表示诚挚的感谢!

由于编者的水平和经验所限,书中难免有不少欠妥和错误之处,恳请读者批评指正。

编　者

2013 年 2 月

目　录

第1章 数控编程基础

本章学习目标

1. 了解数控程序的基本概念以及编程步骤与方法；
2. 掌握常用数控机床坐标系设置的相关规定及工件坐标系的设置方法；
3. 了解数控加工工艺的特点，掌握数控加工专用技术文件的编写方法；
4. 了解数控加工中常用的刀具及简易对刀方法。

1.1 数控编程的基本概念

数控机床是指采用数控技术进行控制的机床，也被称为数字控制机床（Numerically Controlled Machine Tool）、NC 机床或 CNC 机床，是为了满足单件、小批量、多品种零件自动化生产的需要而研制的一种灵活、通用的柔性自动化机床。数控机床的自动化加工过程是由其控制系统根据用户输入的程序指令，指挥机床的硬件系统来实现的。因此，使用数控机床加工零件前，必须编制合理的加工程序。

1.1.1 数控编程的定义

数控加工程序编制（简称数控编程）是指根据零件图纸与工艺方案要求，将零件加工的工艺过程、工艺参数、刀具位移量数据（运动方向和坐标值）以及其他辅助动作（如主轴启停、正反转、冷却液泵开关、刀具夹紧等），根据执行顺序和所用数控系统规定的指令代码及程序格式编制加工程序单的过程。

程序实例如下：

```
O00001
N10 G92 X80.0 Y－30.0 Z30.0
N20 G00 G90 X40.0 S1200 M03 M08
N30 Z－2.0
N40 G01 G42 X20.0 Y－20.0 H01 F60.0
N50 Y0.0
N60 G03 X－20.0 R20.0
```

```
N70 G01 Y - 30.0
N80 G03 X41.09 Y - 53.33 R35.0
N90 X35.12 Y - 40.0 R8.0
N100 G01 X15.0
N110 G02 X15.0 Y20.0 R10.0
N120 G01 X30.0
N130 G40 G00 X80.0 Y - 30.0
N140 Z30.0 M09
N150 M30
```

1.1.2　数控编程的步骤

从数控编程的定义可以看出,数控程序编制主要进行以下几个方面的工作:

(1)分析零件图纸

对零件图纸进行分析,明确零件的材料、加工精度、形状特征、尺寸大小以及热处理要求等信息。根据零件图纸的要求,确定零件的加工方案,主要包括选择适合在数控机床上加工的工艺内容以及选择所用数控机床的类型等。

(2)制定工艺方案

根据零件图纸信息以及选择的数控机床类型,确定零件的加工方法、定位夹紧方法、刀具和夹具、走刀路线、切削参数等工艺过程。

(3)数值计算

在确定了工艺方案后,就可以根据零件形状和走刀路线确定工件坐标系,计算出零件轮廓上相邻几何元素的交点或切点坐标值。目前数控机床的控制系统一般都具有直线和圆弧插补功能以及刀具半径补偿功能。因此对于由直线和圆弧组成的较简单的平面类零件,只要计算出相邻元素间的交点或切点坐标值,得到各几何元素的起点、终点、圆弧的圆心坐标等信息,就能满足数控编程的要求。对于几何形状与控制系统插补功能不一致的零件,就需要进行较复杂的数值计算,一般需要使用计算机辅助设计软件来完成。

(4)编制程序

在制定工艺方案并完成数值计算后,即可编写零件的加工程序。根据计算出的运动轨迹坐标和已确定的运动顺序、刀具、切削参数等信息,编程人员可使用所用数控系统规定的指令代码及程序格式,来完成加工程序的编制。编程人员要想正确地编制数控加工程序,必须对数控系统的指令代码和程序格式非常熟悉。

(5)程序输入

在完成程序编制后,需要将加工程序输入到数控装置中。输入的方法主要有:直接利用数控装置的键盘输入、利用磁盘输入、通过 RS232 端口输入等。

(6)程序检验和首件试切

编制好的数控程序在首次加工之前,一般都需要通过一定的方法进行检验。否则,如果编写的程序不合理或者有明显的错误,将会造成加工零件的报废或者出现安全事故。通常可采用机床空运转的方式,来检查机床动作和运动轨迹是否正确。在具有图形模拟显示功能的数控机床上,可通过显示走刀轨迹或模拟刀具对工件的切削过程,对程序进行检验。如果采用计算机编程辅助软件编写加工程序,则可以在编程软件中进行走刀轨迹的模拟。上述方法只能检验走刀轨迹的正确性,而不能检查由于刀具调整不当或切削参数不合理等因素造成的工件加工误差的大小。因此,必须用首件试切的方法进行实际切削检查。这样不仅能检查出程序编制中的错误,还可以检验零件的加工精度。

程序编制的一般步骤如图 1.1 所示。

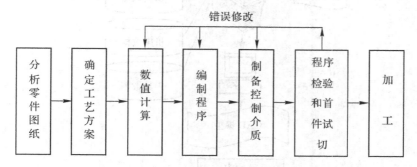

图 1.1　数控加工程序编制的一般步骤

1.1.3　数控程序的编制方法

数控程序编制的方法主要包括手工编制数控加工程序和计算机辅助编制数控加工程序。

手工编程方法主要适用于几何形状不太复杂、程序较短,且计算比较简单的零件加工程序编制。手工编制数控加工程序的一般过程如图 1.2 所示。

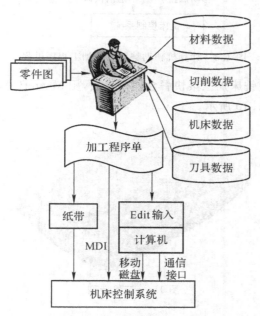

图 1.2　手工编制数控加工程序过程

计算机辅助编程方法主要适用于几何形状较复杂、程序较长、计算较复杂的零件加工程序编制。计算机辅助编制数控加工程序的一般过程如图 1.3 所示。

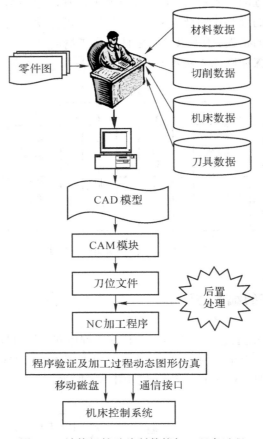

图 1.3　计算机辅助编制数控加工程序过程

【例 1.1】　欲用数控铣床加工某快餐盒凹模表面,用 MasterCAM 软件进行计算机辅助编程的过程如图 1.4 至 1.10 所示。

图 1.4　三维造型

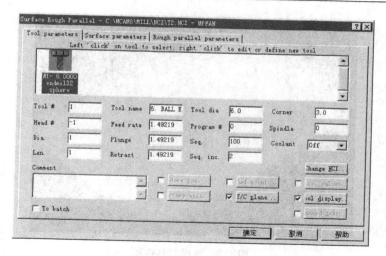

图 1.5 设置刀具参数

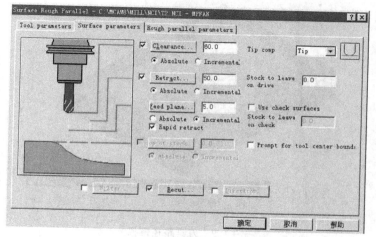

图 1.6 设置曲面加工基本参数

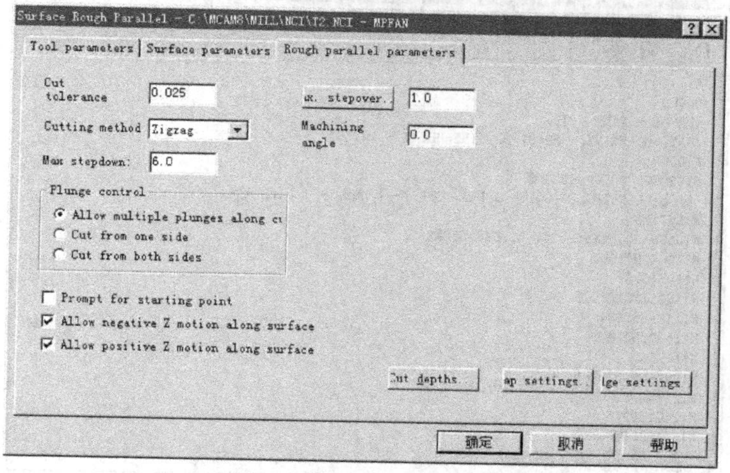

图 1.7 设置粗加工参数

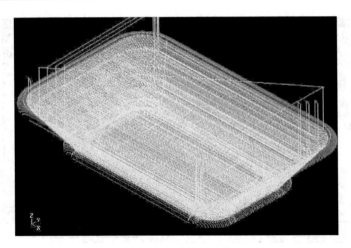

图 1.8　生成刀具路径

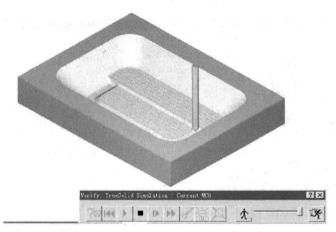

图 1.9　刀具路径模拟

图 1.10　后置处理

1.2　数控机床坐标系

1.2.1　机床坐标系

为了确定数控机床进给系统的运动方向和运动距离,需要在机床上建立一个坐标系,这个坐标系被称作机床坐标系。数控机床上的标准坐标系采用右手直角笛卡儿坐标系。各坐标轴之间的关系如图 1.11 所示。

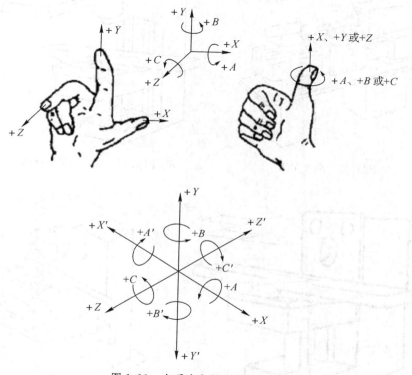

图 1.11　右手直角笛卡儿坐标系

1.2.2　关于机床坐标系的两个规定

（1）刀具与工件相对运动的规定

在数控机床上,不论实际加工中是刀具运动还是工件运动,在编制数控程序时,总是认为刀具运动、工件静止,即采用刀具相对于工件运动的原则。

（2）坐标轴正方向的规定

增大工件与刀具之间距离的方向为坐标轴正方向,即刀具离开工件的方向为正方向。

1.2.3　坐标轴方向的确定

Z 坐标的运动方向由传递切削动力的主轴确定,与主轴轴线平行的坐标轴为 Z 轴,其正方向为刀具离开工件的方向,X、Y 坐标可根据不同的机床结构具体确定。

旋转运动 A、B、C 相应地表示绕 X、Y、Z 轴的旋转运动,其正方向按照右手螺旋法则确定。不同类型机床的坐标方向如图 1.12~1.15 所示。

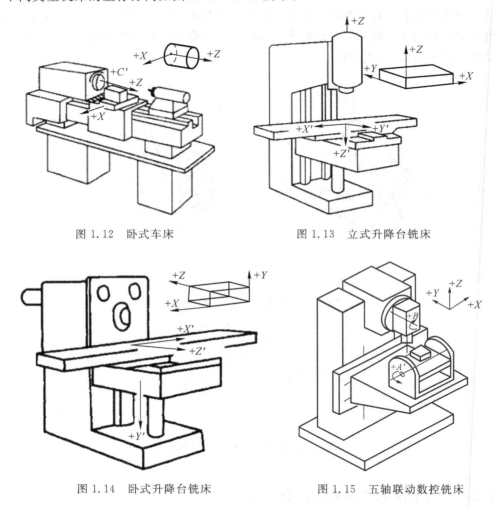

图 1.12　卧式车床　　　　　　　　　图 1.13　立式升降台铣床

图 1.14　卧式升降台铣床　　　　　　图 1.15　五轴联动数控铣床

1.2.4　机床原点及参考点

机床原点即机床坐标系原点,是数控机床上设置的一个固定点。它在机床制造完成后就已被确定下来,是数控机床加工运动时进行定位的基准点。对于数控车床,机床原点一般设置在卡盘端面与主轴中心线的交点处。对于数控铣床,机床原点一般设置在 X、Y、Z 坐标正方向的极限位置上。

　　机床参考点是机床上的一个固定点,用于对机床的运动进行检测和控制。机床参考点的位置由机床制造厂家在每个进给轴上用限位开关精确设置,它在机床坐标系中的坐标值已被输入数控系统中,故参考点相对于机床原点的位置为已知数。参考点的位置可通过调整限位开关位置的方法改变。对于数控车床,参考点一般位于离开机床原点最远的极限位置,如图 1.16 所示。对于数控铣床,机床原点一般和参考点重合,如图 1.17 所示。

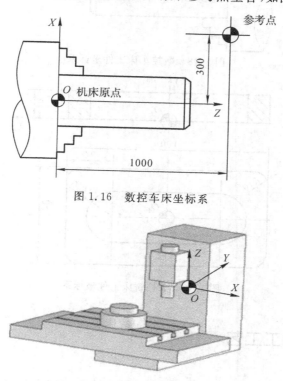

图 1.16　数控车床坐标系

图 1.17　数控铣床坐标系

　　数控机床开机时,必须首先手动返回参考点,这样通过返回参考点就确定了机床原点的位置即建立了机床坐标系。只有机床参考点被确认后,刀具(或工作台)移动才有基准。

1.2.5　工件坐标系

　　工件坐标系即编程坐标系,是编程人员根据零件图样及加工工艺而建立的坐标系,用于确定零件几何图形上各几何要素(点、直线、圆弧等)的位置。如图 1.18、1.19 所示,$O_1 X_1 Y_1$、$O_1 X_1 Z_1$ 即为工件坐标系。

　　当工件装夹在机床工作台(或卡盘)上时,工件坐标系的坐标轴与机床坐标系的相应坐标轴互相平行,但原点位置一般并不相同,即工件坐标系可以认为是将机床坐标系进行平移变换的结果。

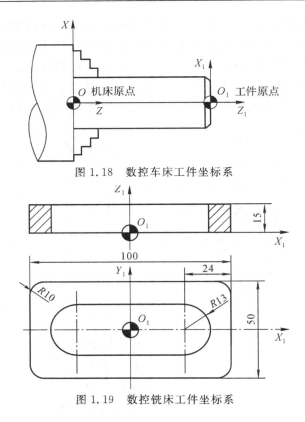

图 1.18　数控车床工件坐标系

图 1.19　数控铣床工件坐标系

1.3　数控加工工艺

　　数控机床的加工工艺与通用机床的加工工艺有许多相同之处,但在数控机床上加工零件比在通用机床上加工零件的工艺规程要复杂。在数控加工前,要将机床的运动过程、零件的工艺过程、刀具的形状、切削用量和走刀路线等编入程序。由此可见,数控加工工艺与普通机床加工工艺相比,具有如下特点:

　　(1)数控加工的工序内容比普通机床的工序内容复杂。在数控机床上加工的零件形状一般比在普通机床上加工的零件形状复杂,因此相应的工序内容也比较复杂。

　　(2)数控机床加工程序的编制比普通机床工艺规程的编制复杂。因为在普通机床的加工工艺中不必考虑的内容,如走刀路线的确定,对刀点以及换刀点的确定等问题,在编制数控加工工艺时却必须考虑。

1.3.1　数控加工工艺内容及其选择方法

　　根据实际应用需要,数控加工工艺分析主要包括以下内容:

　　(1)选择适合在数控机床上加工的内容。

　　(2)对零件图样进行数控加工工艺分析,明确加工内容及技术要求。

　　(3)具体设计数控加工工序,如工步的划分、工件的定位与夹具的选择、刀具的选择、切削用量的确定等。

（4）处理特殊的工艺问题，如对刀点、换刀点的选择，加工路线的确定，刀具补偿等。

（5）编程误差分析及其控制。

（6）处理数控机床上的部分工艺指令，编制工艺文件。

对于一个被加工零件而言，并不是全部的加工工艺内容都需要在数控机床上进行加工，而往往是其中的一部分工艺内容适合在数控机床上进行加工。这就需要对零件图样进行仔细的分析，选择最适合、最需要在数控机床上加工的内容和工序。因此，在数控加工工艺设计阶段，需要选择进行数控加工的工艺内容。在选择时，一般按下列顺序考虑：

（1）通用机床无法加工的内容应作为优先选择内容。

（2）通用机床难加工，质量也难以保证的内容应作为重点选择内容。

（3）通用机床加工效率低、工人手工操作劳动强度大的内容，可在数控机床尚存在富余加工能力时选择。

1.3.2　数控加工专用技术文件的编写

编写数控加工专用技术文件是数控加工工艺设计的内容之一，这些专用技术文件既是数控加工的依据，也是操作者需要遵守和执行的规程。

1. 数控加工工序卡

数控加工工序卡与普通加工工序卡有许多相似之处。不同之处在于：工序简图中应注明编程原点与对刀点，应对程序进行简要说明（如所用机床型号、程序介质、程序编号、刀具半径补偿方式等）并注明切削参数（程序中使用的主轴转速、进给速度、背吃刀量或宽度）。数控加工工序卡参考样表见表 1.1。

表 1.1　数控加工工序卡

单　位	数控加工工序卡	产品名称或代号		零件名称	零件图号
工序简图		车　间		使用设备	
		工艺序号		程序编号	
		夹具名称		夹具编号	
工步号	工步内容	加工面	刀具号	刀补量	主轴转速	进给速度	背吃刀量	备　注
编制	审核	批准			年　月　日	共　页	第　页

2. 数控加工走刀路线图

走刀路线图描述刀具相对于零件的运动方式，特别应注明进退刀阶段刀具的运动方式及切入、切出点。在数控加工中，往往编程和操作由不同的人员完成。为了使操作者在加工前明确地了解刀具的运动路径，防止在加工过程中刀具与夹具、工件等发生碰撞，应在提供程序的同时附上数控加工走刀路线图，样图如图 1.20 所示。

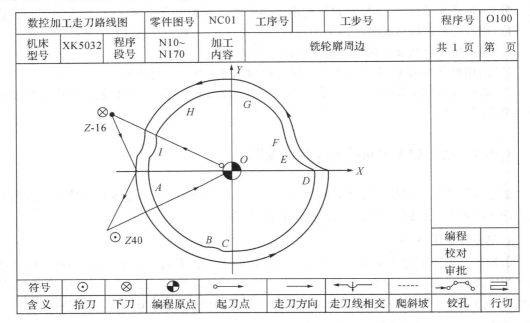

数控加工走刀路线图		零件图号	NC01	工序号		工步号		程序号	O100
机床型号	XK5032	程序段号	N10~N170	加工内容	铣轮廓周边			共 1 页	第 页

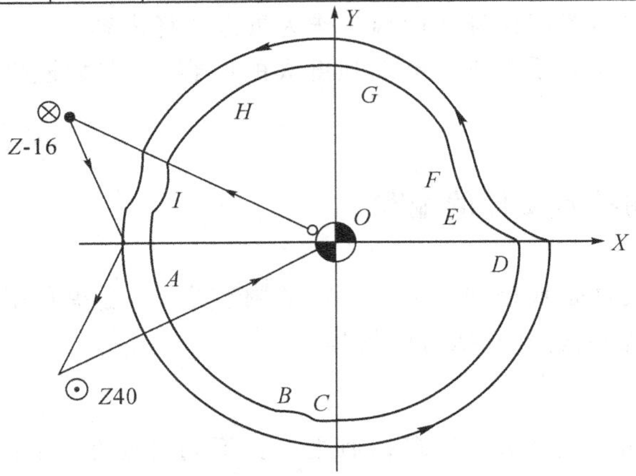

编程	
校对	
审批	

符号	⊙	⊗	◐	o—→	—→	—↔—	-----	—o—o—	⇉
含义	抬刀	下刀	编程原点	起刀点	走刀方向	走刀线相交	爬斜坡	铰孔	行切

图 1.20 数控加工走刀路线图

1.4 数控加工常用刀具及对刀方法

在编制数控加工工艺时，刀具的选择是非常重要的一项内容。刀具选择的合适与否，不仅影响机床的加工效率，还影响加工精度。

数控刀具可分为两大类：车削类和铣镗削类。在实际应用中，一般要求刀具应具有如下特点：精度高、刚性好、装夹调整方便，切削性能强、耐用度高。

合理选用加工用刀具，既能提高加工效率又能提高产品质量。刀具选择应考虑的主要因素如下。

(1)被加工工件的材料、性能：金属、非金属，硬度、刚度、塑性、韧性及耐磨性等。

(2)加工工艺类别：车削、钻削、铣削、镗削或粗加工、半精加工、精加工和超精加工等。

(3)工件的几何形状、加工余量、零件的技术经济指标。

(4)刀具能承受的切削用量。

(5)辅助因素：操作间断时间、振动、电力波动或突然中断等。

1.4.1　车削类刀具的选择

（1）刀片材料选择：高速钢、硬质合金、涂层硬质合金、陶瓷、立方碳化硼或金刚石。

（2）刀片尺寸选择：有效切削刃长度、背吃刀量、主偏角等。

（3）刀片形状选择：依据加工表面形状、切削方式、刀具寿命、转位次数等。

（4）刀片的刀尖半径选择：粗加工、工件直径大、要求刀刃强度高、机床刚度大时选大刀尖半径，精加工、切深小、细长轴加工、机床刚度小时选小刀尖半径。

1.4.2　铣镗削类刀具的选择

（1）铣刀类型的选择：加工较大平面时选择面铣刀，加工凸台、凹槽、小平面时选择立铣刀，加工毛坯面和粗加工孔时选择镶硬质合金玉米铣刀，曲面加工选择球头铣刀或环形铣刀，加工空间曲面模具型腔与凸模表面选择模具铣刀，加工封闭键槽选键槽铣刀，等等。

（2）面铣刀主要参数选择：粗铣时选小直径刀具，精铣时选大直径刀具，并依据工件材料和刀具材料以及加工性质确定其几何参数。

（3）立铣刀主要参数选择：主要包括铣刀直径以及切削刃处的圆角半径。刀具参数的选择应考虑工件和刀具材料、加工效率、工序内容等因素。

1.4.3　加工中心刀具的选择

加工中心刀具通常由刃具和刀柄两部分组成，刃具有面加工用的各种铣刀和孔加工用的各种钻头、扩孔钻、镗刀、铰刀及丝锥等，刀柄要满足机床主轴能自动松开和夹紧定位，并能准确地安装各种刃具和适应换刀机械手的夹持等要求。

（1）对加工中心刀具的基本要求：刀具应有较高的刚度，重复定位精度高，刀刃相对主轴的一个定位点的轴向和径向位置应能准确调整。

（2）孔加工刀具的选择：钻孔刀具及其选择，扩孔刀具及其选择，镗孔刀具及其选择，应特别重视刀杆的刚度。

（3）刀具尺寸的确定：主要是刀具的长度和直径的选择，如加工孔依据其深度和孔径选择。

（4）刀柄的选择：依据被加工零件的工艺选择刀柄类型以及刀柄配备的数量。

数控加工中常用刀具及其刀位点如图 1.21 所示。刀位点是指刀具的定位基准点，一般为刀具轴线与刀具表面的交点。

1.4.4　简易对刀方法

对刀是数控加工中的重要操作步骤。对刀精度是影响零件加工精度的因素之一。同时，对刀效率还直接影响加工效率。在数控机床的操作与编程过程中，弄清楚基本坐标关系和对刀原理是两个非常重要的环节。这对更好地理解机床的加工原理，以及修改加工过程

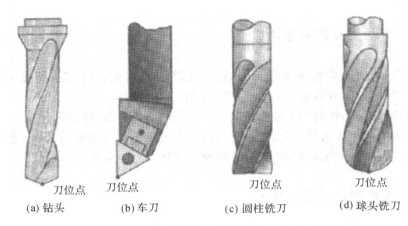

（a）钻头　　（b）车刀　　（c）圆柱铣刀　　（d）球头铣刀

图 1.21　数控加工常用刀具及其刀位点

中产生的尺寸偏差都有很大的帮助。

　　一般来讲，通常使用的有两个坐标系：一个是机床坐标系，另一个是工件坐标系。在机床加工过程中，必须要确定工件原点在机床坐标系中的位置，这就需要通过对刀来完成。目前常用的对刀方法主要有两种：即简易对刀法（也称为试切对刀法）和对刀仪自动对刀法。

　　下面用一个实例来说明铣削加工时，利用简易对刀法对刀的过程。

　　【例 1.2】　被加工零件图样如图 1.22 所示，确定了工件坐标系后，可用以下方法进行对刀。

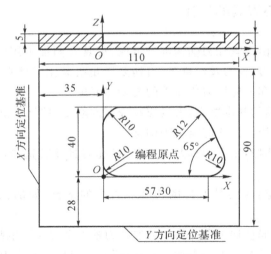

图 1.22　简易对刀零件图

　　（1）机床回参考点，建立机床坐标系。

　　（2）装夹工件毛坯，并使工件定位基准面与机床坐标系对应坐标轴方向一致。

　　（3）用简易对刀法进行测量。用直径 $\phi 10$mm 的标准测量棒、塞尺对刀，得到测量值 $X = -346.547$，$Y = -265.720$，如图 1.23 所示。$Z = -25.654$，如图 1.24 所示。通过计算可得：

$$X' = -346.547 + 5 + 0.1 + 35 = -306.447$$

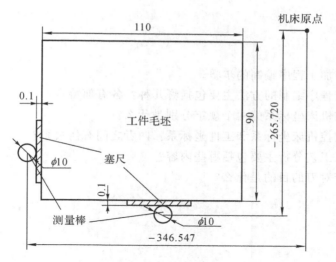

图 1.23　X、Y 方向对刀

其中：−346.547 为 X 坐标显示值，5 为测量棒半径值，0.1 为塞尺厚度，35 为编程原点到工件定位基准面在 X 坐标方向的距离。

$$Y' = -265.720 + 5 + 0.1 + 28 = -232.620$$

其中：−265.720 为 Y 坐标显示值，5 为测量棒半径值，0.1 为塞尺厚度，28 为编程原点到工件定位基准面在 Y 坐标方向的距离。

$$Z' = -25.654 - 0.1 - 9 = -34.754$$

其中：−25.654 为 Z 坐标显示值，0.1 为塞尺厚度，9 为零件厚度。

得到上述数据后，在 MDI 方式下，进入工件坐标系设定页面，在 G54～G59 任一栏内输入如下数据，即完成了对刀过程。

$$X = -306.447 \quad Y = -232.620 \quad Z = -34.754$$

对于以孔心或轴心作为工件原点的零件，X、Y 方向的对刀方法可使用百分表找正中心，如图 1.25 所示。

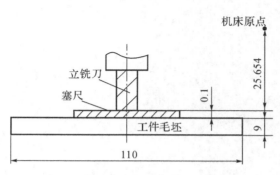

图 1.24　Z 方向对刀

图 1.25　用百分表找正中心

习　题

1.1 简述数控加工程序编制的步骤。

1.2 数控加工程序编制的方法主要包括哪几种？各有何特点？

1.3 关于数控机床坐标系的两个规定分别是什么？

1.4 什么是数控机床坐标系和工件坐标系？两者之间有何关系？

1.5 数控加工工艺分析主要包括哪些内容？

1.6 数控机床对刀的目的是什么？

第 2 章 数控程序格式及常用指令

本章学习目标

1. 了解数控程序的基本格式，掌握常用数控功能字的含义；
2. 掌握常用准备功能指令及辅助功能指令的含义与使用方法；
3. 能够使用常用功能指令编写简单的数控程序。

2.1 数控程序格式

数控程序由若干程序段组成，程序段由若干字组成，每个字又由一系列字符与数字组成。目前在国际上主要有两种代码标准：ISO（国际标准化组织）标准和 EIA（美国电子工业协会）标准。在上述两大标准的基础上，我国也根据自身实际制订了相应的数控标准——《数控机床用七单位编码字符》标准（JB 3050—82）。但是，目前国内外各种数控机床所使用的标准尚未完全统一，有关指令代码及其含义也不完全相同，因此编程时务必严格遵守实际所用机床使用说明书中的规定。

2.1.1 程序体结构及程序段格式

1. 程序体结构

一般的程序体结构如下：

```
%                                          //程序开始符
O1000                                      //程序名
N10 G54 G90 G00 X-100 Y-80 Z100
N20 G01 G42 X0 Y0 F60 H03 M08
N30 G02 X50 Y50 R50                        //程序段
...
N140 M30                                   //程序结束指令
%
```

(1)程序开始符、结束符

程序开始符、结束符是同一个字母,ISO 代码中是％,EIA 代码中是 EP,书写时要单列一段。

(2)程序名

程序名的书写一般有两种格式,一种是由英文字母 O 和 1～4 位正整数组成,另一种是由英文字母开头,字母数字混合组成。一般要求单列一段。

(3)程序主体

程序主体由若干程序段组成,每个程序段又由若干字组成。每个程序段一般占一行。

(4)程序结束指令

程序结束指令为 M02 或 M30。一般要求单列一段。

2. 程序段格式

程序段格式主要有三种:固定顺序程序段格式、使用分隔符的程序段格式和字地址程序段格式。现代数控系统大多采用的是字地址程序段格式。

字地址程序段格式由语句号字、数据字和程序段结束字组成,每个字之前都标有地址码以识别地址。一个程序段内由一组开头是英文字母、后面是数字组成的信息单元"字",每个字根据字母来确定其意义。

字地址程序段的基本格式如下:

N＿＿　G＿＿　X＿＿　Y＿＿　Z＿＿　F＿＿　S＿＿　T＿＿　M＿＿

上述程序段中不需要的字可以省略,而且可按任意顺序排列。但为了编程以及阅读程序的方便,通常按上述顺序排列。

2.1.2　数控功能字

1. 程序段号字 N

用来标明程序段的编号,用地址码 N 和后面的若干位数字来表示。例如,N100 表示该程序段的段号为 100。在编写程序时,程序段号一般由小到大排列,也可按其他方式排列。数控系统在运行程序时,并不是按程序段号由小到大的顺序,而是按照程序段的排列顺序进行。

2. 准备功能字(G 功能字)

G 功能是使数控机床做好某种操作准备的指令,用地址 G 和两位数字来表示,例如 G01 表示直线插补指令。

3. 坐标值字

坐标值字由地址码和带有符号的数值构成。坐标值的地址码有 X、Y、Z、U、V、W、P、Q、R、A、B、C、I、J、K 等。例如,X30 Y－60 Z－40 表示点的绝对坐标值为(30、－60、－40)或沿 X、Y、Z 方向的增量为 30、－60、－40。

4. 进给功能字

表示刀具运动时的进给速度。由地址码 F 和后面若干位数字组成。例如 F100 表示进给速度 100mm/min,F0.5 表示进给速度为 0.5mm/r。

5. 主轴转速字

由地址码 S 和其后面的若干位数字组成,单位 r/min 或 m/min。例如 S600 表示主轴转速为 600r/min,S100 表示切削线速度为 100m/min。

6. 刀具字

由地址码 T 和若干位数字组成。刀具功能字后面的数字是指定的刀具号。数字的位数由所用数控系统决定。

7. 辅助功能字(M 功能)

辅助功能表示机床辅助动作的指令。用地址码 M 和后面两位数字表示。

ISO 代码中地址字符及其含义见表 2.1。

表 2.1　地址字符表

字　符	含　义	字　符	含　义
A	绕 X 坐标的角度尺寸或螺纹牙型角	N	程序号
B	绕 Y 坐标的角度尺寸	O	不用,有的为程序编号
C	绕 Z 坐标的角度尺寸	P	平行于 X 轴的第三坐标,固定循环参数或暂停时间
D	第二刀具功能,也有的定为偏置号	Q	平行于 Y 轴的第三坐标,固定循环参数
E	第二进给速度功能	R	平行于 Z 轴的第三坐标,或圆弧插补的半径
F	第一进给速度功能	S	主轴转速功能
G	准备功能	T	第一刀具功能
H	偏置号	U	平行于 X 轴的第二坐标
I	平行于 X 轴的插补参数或螺纹螺距	V	平行于 Y 轴的第二坐标
J	平行于 Y 轴的插补参数或螺纹螺距	W	平行于 Z 轴的第二坐标
K	平行于 Z 轴的插补参数或螺纹螺距	X	X 轴方向的坐标值
L	固定循环和子程序的执行次数	Y	Y 轴方向的坐标值
M	辅助功能	Z	Z 轴方向的坐标值

2.2　常用编程指令

本节主要介绍一些常用的准备功能指令和辅助功能指令。在不同的数控系统中,这些指令的使用格式基本相同。但特殊情况下,在不同的数控系统中一些指令的使用格式也存在差异。因此,在实际编程时,需要按照机床编程手册中要求的格式正确使用指令。

2.2.1　准备功能指令

准备功能字的地址符是 G,所以又称为 G 功能、G 指令或 G 代码。它的作用是建立数控机床工作方式,为数控系统的插补运算、刀补运算、固定循环等做好准备。

G 指令中的数字一般是从 00 到 99。但随着数控系统功能的增加 G00～G99 已不够使用,所以有些数控系统的 G 功能字中的后续数字已采用三位数。根据 ISO1056—1975 国际标准,我国制定了 JB3208—83《数控机床穿孔纸带程序段格式中的准备功能 G 和辅助功能 M 代码》标准,其中规定了 G 指令(G00～G99)的含义,见表 2.2。

表 2.2　准备功能 G 代码

代码	功能保持到取消或被同样字母表示的程序指令所代替	功能仅在所出现的程序段内有作用	功能	代码	功能保持到取消或被同样字母表示的程序指令所代替	功能仅在所出现的程序段内有作用	功能
(1)	(2)	(3)	(4)	(1)	(2)	(3)	(4)
G00	a		点定位	G50	#(d)	#	刀具偏置 0/—
G01	a		直线插补	G51	#(d)	#	刀具偏置＋/0
G02	a		顺时针圆弧插补	G52	#(d)	#	刀具偏置—/0
G03	a		逆时针圆弧插补	G53	f		直线偏移,注销
G04		*	暂停	G54	f		直线偏移 X
G05	#	#	不指定	G55	f		直线偏移 Y
G06	a		抛物线插补	G56	f		直线偏移 Z
G07	#	#	不指定	G57	f		直线偏移 XY
G08		*	加速	G58	f		直线偏移 XZ
G09		*	减速	G59	f		直线偏移 YZ
G10～G16	#	#	不指定	G60	h		准确定位 1(精)
G17	c		XY 平面选择	G61	h		准确定位 2(中)
G18	c		ZX 平面选择	G62	h		快速定位 3(粗)
G19	c		YZ 平面选择	G63		*	攻螺纹
G20～G32	#	#	不指定	G64～G67	#	#	不指定
G33	a		螺纹切削,等螺距	G68	#(d)	#	刀具偏置,内角
G34	a		螺纹切削,增螺距	G69	#(d)	#	刀具偏置,外角
G35	a		螺纹切削,减螺距	G70～G79	#	#	不指定
G36～G39	#	#	永不指定	G80	e		固定循环注销

代码 （1）	功能保持到取 消或被同样字 母表示的程序 指令所代替 （2）	功能仅在所 出现的程序 段内有作用 （3）	功能 （4）	代码 （1）	功能保持到取 消或被同样字 母表示的程序 指令所代替 （2）	功能仅在所 出现的程序 段内有作用 （3）	功能 （4）
G40	d		刀具补偿/刀具 偏置注销	G81～ G89	e		固定循环
G41	d		刀具补偿—左	G90	j		绝对尺寸
G42	d		刀具补偿—右	G91	j		增量尺寸
G43	#（d）	#	刀具偏置—正	G92		*	预置寄存
G44	#（d）	#	刀具偏置—负	G93	k		时间倒数，进给率
G45	#（d）	#	刀具偏置＋/＋	G94	k		每分钟进给
G46	#（d）	#	刀具偏置＋/－	G95	k		主轴每转进给
G47	#（d）	#	刀具偏置－/－	G96	i		恒线速度
G48	#（d）	#	刀具偏置－/＋	G97	i		每分钟转数 （主轴）
G49	#（d）	#	刀具偏置0/＋	G98～ G99	#	#	不指定

注：（1）"＃"号表示如选作特殊用途，必须在程序格式说明中说明。

（2）如在直线切削控制中没有刀具补偿，则 G43～G52 可指定作其他用途。

（3）在表中第二列括号中的字母（d）表示可以被同栏中没有括号的字母 d 所代替，亦可被带括号的字母（d）所注销或代替。

　　根据代码功能范围的不同，G 代码可以分为模态和非模态两种。模态代码具有续效性，在后续的程序段中，一直保持到出现同组其他 G 代码为止。非模态代码不能续效，只在所出现的程序段中有效，下一个程序段需要时，必须重新写出。在表 2.2 中，若第二栏内标有字母，则表示对应的 G 指令为模态指令；否则为非模态指令。模态指令按其功能的不同可分为若干组。字母相同的模态指令为一组。

　　不同组的 G 代码，在同一程序段中可指定多个。如果在同一程序段中指定了两个或两个以上同组的模态指令，则只有最后的 G 代码有效。如果在程序中指定了 G 代码表中没有列出的 G 代码，则系统显示报警。

1. 状态设置指令

（1）绝对尺寸指令 G90 和增量尺寸指令 G91

　　G90 表示程序段中给出的刀具运动坐标尺寸为绝对坐标值，即相对于坐标原点给出的坐标值。G91 表示程序段中给出的刀具运动坐标尺寸为增量坐标值，即相对于起始点的坐标增量值。G90 和 G91 为一组模态指令，可互相取代。

【例 2.1】　如图 2.1 所示，若刀具从 A 点沿直线运动到 B 点，则

用绝对值方式编程时，程序段如下：

N10 G90 G01 X30 Y5

用增量值方式编程时,程序段如下:

N10 G91 G01 X20 Y－15

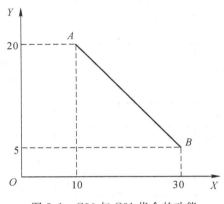

图 2.1　G90 与 G91 指令的功能

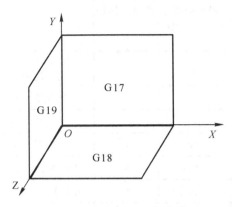

图 2.2　坐标平面选择指令

(2)坐标平面选择指令 G17、G18、G19

这组指令用来选择圆弧插补和刀具补偿平面,如图 2.2 所示。由图可知,各指令对应的平面为

G17－XY

G18－ZX

G19－YZ

注意事项:

①G17、G18、G19 为一组模态指令,可互相取代。

②移动指令与平面选择无关,G17 G01 Z10,刀具可沿 Z 轴方向移动。

(3)英制和米制输入指令 G20、G21

G20 表示英制输入,G21 表示米制输入。机床出厂前一般设定为 G21 状态,机床的各项参数均以米制单位设定,所以数控机床一般适用于米制尺寸工件加工。如果一个程序开始用 G20 指令,则表示程序中相关的一些数据均为英制(单位为英寸);如果程序用 G21 指令,则表示程序中相关的一些数据均为米制(单位为 mm)。在一个程序内,不能同时使用 G20 或 G21 指令,且必须在坐标系确定前指定。

G20 和 G21 是一组模态指令,可互相取代。

2.坐标系设置指令

(1)工件坐标系设定指令 G92

指令格式:G92 X ___ Y ___ Z ___

X、Y、Z 为刀具刀位点在工件坐标系中的位置。

如图 2.3 所示,当刀具处于当前位置时,可用以下程序段设定工件坐标系:

G92 X30 Y60 Z50

注意事项:

①执行 G92 指令时,刀具相对于机床的位置不发生改变。

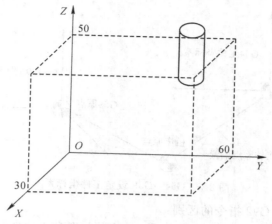

图 2.3　工件坐标系的建立

②通过 G92 设定的工件坐标原点与刀具当前所在位置有关。

③G92 为非模态指令,一般置于程序首段。

(2)工件坐标系设定指令 G50

在 FANUC 数控车床控制系统中,通常用 G50 设定工件坐标系,用法与 G92 相似。

指令格式:G50 X __ Z __

X、Z 为刀具刀位点在工件坐标系中的初始位置。

如图 2.4 所示,如果设定右端面 O 点为坐标原点,则指令为:

G50 X105 Z45

如果设定左端面 O 点为坐标原点,则指令为:

G50 X105 Z150

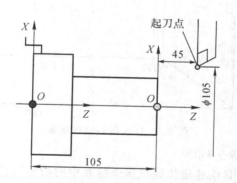

图 2.4　数控车床工件坐标系建立

(3)工件坐标系选择指令 G54～G59

如图 2.5 所示,六个预定工件坐标系的原点在机床坐标系中的值(工件零点偏置值)可用 MDI 方式输入,系统自动记忆。工件坐标系一旦选定,后续程序段中绝对值编程时的指令值均为相对此工件坐标系原点的值。

G54～G59 为模态功能,可相互注销。

指令格式:G54/G55/G56/G57/G58/G59

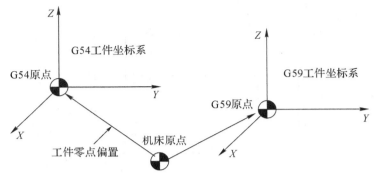

图 2.5　G54～G59 设定工件坐标系

G54～G59 指令与 G92 指令的区别：

①G92 指令中的 X、Y、Z 是指刀具(刀位点)当前位置在工件坐标系中的位置，而 G54～G59 通过 CRT/MDI 方式输入的 X、Y、Z 是指工件坐标系在机床坐标系中的偏移量。

②通过 G92 设定的工件坐标原点与刀具当前位置有关，而通过 G54～G59 设定的工件坐标原点与刀具的当前位置无关。

此外，在选择 G54 坐标系方式下，也可通过 G92 建立一个新的坐标系。如图 2.6 所示，执行下列程序段后，工件坐标系原点将从 O 点移动至 O' 点。

N10 G54 G00 X180 Y150

N20 G92 X100 Y100

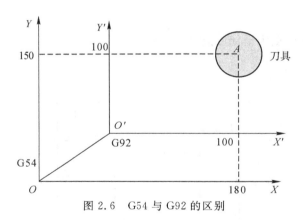

图 2.6　G54 与 G92 的区别

(4)机床坐标系选择指令 G53

使用该指令能够使刀具快速定位到机床坐标系中的指定位置。

指令格式：G53(G90)X ＿ Y ＿ Z ＿

X、Y、Z 为刀具刀位点在机床坐标系中的坐标值。例：

G53 G90 X－120 Y－150 Z－50

执行后刀具位于机床坐标系中的点(－120，－150，－50)处。

注意事项：

①执行该指令时，刀具快速移动到机床坐标系中坐标值为 X、Y、Z 的点上。

②执行 G53 指令前，机床应至少回过一次参考点。

3. 刀具移动指令

（1）快速定位指令 G00

快速定位指令 G00 控制刀具以点位控制的方式快速移动到目标位置，其运动速度由系统参数设定。指令执行过程中，刀具沿各个坐标轴方向同时按参数设定的速度移动，最后减速到达终点。G00 为模态指令。

指令格式：G00 X ＿＿ Y ＿＿ Z ＿＿

其中 X、Y、Z 是快速定位的终点坐标值。

如图 2.7 所示，当刀具从 O 点快速定位到 A 点时，指令为：

G00 X20 Y100

注意事项：

①G00 为模态指令，与 G01、G02、G03 等指令同组。

②G00 移动过程中的速度由系统参数设定，不能用 F 指令设定。错误格式：G00 X_ Y_ Z_ F_。

③在平面内移动时，当两进给轴移动速度相同时，刀具先按 45°方向移动，再沿另外一个坐标轴移动。如图 2.7 所示，当执行指令 G00 X20 Y100 时，刀具的移动轨迹为 OBA，而不是 OA。

④从起点移动到终点的过程中，若刀具接触到工件毛坯，则不得采用 G00 指令。

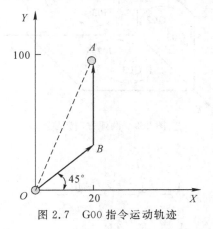

图 2.7　G00 指令运动轨迹

（2）直线插补指令 G01

G01 指令刀具按给定的进给速度 F 进行直线插补运动。

指令格式：G01 X ＿＿ Y ＿＿ Z ＿＿ F ＿＿

其中 X、Y、Z 是直线插补的终点坐标值，F 为进给速度。G01 和 F 均为模态指令。

如图 2.8 所示，当刀具从 A 点以直线方式移动到 B 点时，指令如下：

①绝对值编程：

N20 G90 G01 X10 Y10 F100

②增量值编程：

N20 G91 G01 X－10 Y－20 F100

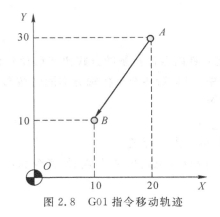

图 2.8　G01 指令移动轨迹

（3）圆弧插补指令 G02、G03

G02 为顺时针圆弧插补指令，G03 为逆时针圆弧插补指令。圆弧的顺、逆时针方向可按如下方法判断：沿着不在圆弧平面内的坐标轴，由正方向朝负方向看去，顺时针方向为 G02，逆时针方向为 G03，如图 2.9 所示。

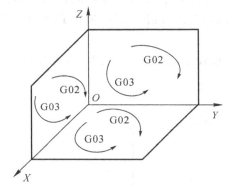

图 2.9　圆弧方向判别

指令格式：

①XY 平面内圆弧

G17 G02/G03 X __　Y __　I __　J __（R __）F __

②ZX 平面内圆弧

G18 G02/G03 X __　Z __　I __　K __（R __）F __

③YZ 平面内圆弧

G19 G02/G03 Y __　Z __　J __　K __（R __）F __

其中，X、Y、Z 为圆弧插补的终点坐标值。I、J、K 为圆弧圆心相对于起点沿 X、Y、Z 方向的坐标增量值。R 为圆弧半径。

【例 2.2】　当刀具以如图 2.10 所示的轨迹移动时，相应的指令如下：

图（a）绝对值编程：

G90 G02 X58 Y50 I10 J8 F200（或 G90 G02 X58 Y50 R12.806 F200）

图（a）增量值编程：

G91 G02 X18 Y18 I10 J8 F200(或 G91 G02 X18 Y18 R12.806 F200)

图(b)绝对值编程：

G90 G03 X73 Y80 I19 J30 F200(或 G90 G03 X73 Y80 R35.511 F200)

图(b)增量值编程：

G91 G03 X38 Y60 I19 J30 F200(或 G91 G03 X38 Y60 R35.511 F200)

图(c)绝对值编程：

G90 G02/G03 X45 Y24 I－17 J0 F200

图(c)增量值编程：

G91 G02/G03 X0 Y0 I－17 J0 F200

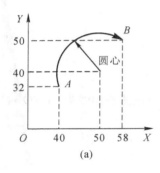 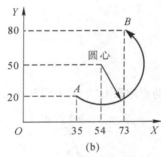 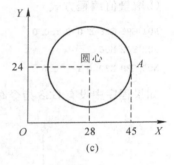

(a)　　　　　　　　　(b)　　　　　　　　　(c)

图 2.10　圆弧编程实例

注意事项：

①I、J、K 指圆弧圆心相对于起点的坐标增量值，与 G90 和 G91 无关。

②用 R 编程时，当 0°＜ 圆心角 ≤ 180°，R 为正；当 180 °＜圆心角＜360°，R 为负；整圆编程不能用 R 指令。

③同时编入 R 与 I、J、K 时，R 有效。

④G02、G03 为模态指令，与 G00、G01 等指令同组。

4. 返回参考点指令 G27、G28、G29

(1)返回参考点校验 G27

指令格式：G27 X ＿ Y ＿ Z ＿

X、Y、Z 为参考点在工件坐标系下的坐标值。

注意事项：

①执行 G27 指令前，必须手动返回过一次参考点。

②使用 G27 指令时，必须取消刀具半径和长度补偿。

(2)自动返回参考点指令 G28

指令格式：G28 X ＿ Y ＿ Z ＿

X、Y、Z 为中间点的坐标值。

注意事项：

①执行 G28 指令前，必须手动返回过一次参考点。

②使用 G28 指令时,必须取消刀具补偿。

③G28 指令一般用于自动换刀。

(3)从参考点返回指令 G29

指令格式:G29 X ＿ Y ＿ Z ＿

X、Y、Z 为返回的终点坐标值。

【例 2.3】　如图 2.11 所示,刀具从点 A 经中间点 B 返回参考点,再从参考点出发经中间点 B 到达点 C,程序编制如下:

①绝对值编程方式

```
N01 G90 G28 X100.0 Y100.0
N02 T02 M06
N03 G29 X170.0 Y30.0
```

②增量值编程方式

```
N01 G91 G28 X70.0 Y50.0
N02 T02 M06
N03 G29 X70.0 Y－70.0
```

如果程序中没有 G28 指令时,则程序段 G90 G29 X170.0 Y30.0 的进给路线为:$A \rightarrow O \rightarrow C$。

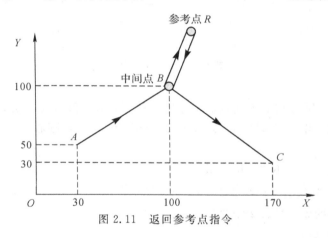

图 2.11　返回参考点指令

2.2.2　辅助功能指令

辅助功能指令主要用于对机床在加工过程中的一些辅助动作进行控制,控制对象通常为开关量。如主轴的正反转,冷却液的开关,工件的夹紧、松开等。

根据我国 JB3208－83 标准的规定,辅助功能字由地址符 M 和其后的两位数字组成,从 M00 到 M99 共 100 种,其含义见表 2.3。

当数控机床规格以及数控系统类型不同时,M 指令的功能会有所变化,现将常用的一些辅助功能(M 功能)作简要介绍。

M00——程序暂停。执行 M00 指令后,机床的所有动作将被停止,如主轴旋转、刀具进给均停止,冷却液关闭。重新启动程序后,再继续执行后面的程序。

　　M01——计划停止。该指令的作用与 M00 类似,但它必须在预先按下机床操作面板上的[计划停止]开关的情况下才有效。否则,M01 指令无效。

　　M02——程序结束。当全部程序结束后,用该指令来切断机床的所有动作,并使机床和数控系统复位。该指令一般都出现在程序的最后一个程序段中。

　　M03、M04 和 M05——主轴顺时针方向旋转、逆时针方向旋转和主轴停止旋转。

　　M06——换刀指令。

　　M07、M08——冷却液开。

　　M09——冷却液关。

　　M30——程序结束。在全部程序结束后,用该指令来切断机床的所有动作,并使机床和数控系统复位。

　　M02 和 M30 的区别在于:用 M02 结束程序时,自动运行结束后光标停在程序结束位置;而用 M30 结束程序时,自动运行结束后光标能自动返回至程序开头,按启动按钮,就可以再次运行程序。

表 2.3　辅助功能 M 代码

代码	功能保持到取消或被同样字母表示的程序指令所代替	功能仅在所出现的程序段内有作用	功能	代码	功能保持到取消或被同样字母表示的程序指令所代替	功能仅在所出现的程序段内有作用	功能
(1)	(2)	(3)	(4)	(1)	(2)	(3)	(4)
M00		*	程序停止	M36	*		进给范围 1
M01		*	计划停止	M37	*		进给范围 2
M02		*	程序结束	M38	*		主轴速度范围 1
M03	*		主轴顺时针方向	M39	*		主轴速度范围 2
M04	*		主轴逆时针方向	M40～M45	#	#	不指定/齿轮换挡
M05		*	主轴停止	M46～M47	#	#	不指定
M06	#	#	换刀	M48		*	注销 M49
M07	*		2 号切削液开	M49	*		进给率修正旁路
M08	*		1 号切削液开	M50	*		3 号切削液开
M09		*	切削液关	M51	*		4 号切削液开
M10	#	#	夹紧	M52～M54	#	#	不指定
M11	#	#	松开	M55	*		刀具直线位移,位置 1
M12	#	#	不指定	M56	*		刀具直线位移,位置 2
M13	*		主轴顺时针方向切削液开	M57～M59	#	#	不指定

续表

代码	功能保持到取消或被同样字母表示的程序指令所代替	功能仅在所出现的程序段内有作用	功能	代码	功能保持到取消或被同样字母表示的程序指令所代替	功能仅在所出现的程序段内有作用	功能
(1)	(2)	(3)	(4)	(1)	(2)	(3)	(4)
M14	*		主轴逆时针方向切削液开	M60		*	更换工件
M15	*		正运动	M61	*		工件直线位移,位置1
M16	*		负运动	M62	*		工件直线位移,位置2
M17～M18	#	#	不指定	M63～M70	#	#	不指定
M19		*	主轴定向停止	M71	*		工件角度移位位置1
M20～M29	#	#	永不指定	M72	*		工件角度移位位置2
M30		*	纸带结束	M73～M89	#	#	不指定
M31	#	#	互锁旁路	M90～M99	#	#	永不指定
M32～M35	#	#	不指定				

注:"#"表示如选作特殊用途,必须在程序说明中说明。

习　题

2.1 常用的程序段格式有哪几种?

2.2 程序段 N__ G__ X__ Y__ Z__ F__ S__ T__ M__中各字母的含义是什么?

2.3 什么是模态指令? 什么是非模态指令?

2.4 圆弧插补指令有哪几个? 如何判断顺时针圆弧和逆时针圆弧?

2.5 G90 指令和 G91 指令的区别是什么?

2.6 使用 G00 指令时,刀具的移动速度如何指定? 刀具的移动轨迹是否一定为直线?

2.7 辅助功能指令 M03、M04 和 M05 的含义分别是什么?

2.8 执行 G92 指令时,刀具是否会移动?

2.9 当圆弧的圆心角为 270°时,若采用 R 指令编程,则 R 应取正值还是负值?

2.10 辅助功能指令 M00 和 M01 的区别是什么?

第 3 章　数控编程中的数学基础

本章学习目标

1. 了解数控加工对象表达中常用的数学模型；
2. 了解数控系统中插补计算的基本概念、原理与方法；
3. 掌握二次曲线轮廓加工时的基点计算方法；
4. 了解非圆二次曲线、自由曲线离散时的节点计算方法。

3.1　加工对象表达的常用数学模型

数控机床采用数字化控制技术实现对零件的加工。在编制数控程序时，需对被加工对象进行数字化描述。从几何学角度看，零件是一个实体，实体由一系列表面组成，面由无数线条组成。从切削加工的角度看，数控加工的实质是控制刀具以某种轨迹运动，使刀具切削刃从毛坯上去除多余的材料，形成新的满足精度要求的表面。从以上分析可以看出，数控加工的最终目标是生成几何意义上的面，而面由线组成。因此，加工对象的数字化表达主要和线、面两类几何对象的数学模型密切相关。

3.1.1　常用的曲线类型及其数学模型

在编制数控加工程序时，曲线几何模型是用来生成刀位点运动轨迹的基础。对于可由两坐标加工实现的零件，通常可用其轮廓边界曲线直接生成其刀位点运动轨迹。对于需经过三坐标(或四坐标、五坐标)加工的曲面类零件，则需通过曲线生成表达其表面形状的曲面几何模型。在机械零件几何形状表达时，常用的曲线类型包括直线、圆弧、圆锥曲线(椭圆、抛物线、双曲线)以及自由曲线等。下文介绍几种常用的平面曲线的数学模型。

1. 直线

为叙述方便，此处将直线视作曲率为零的特殊曲线。直线段是零件形状表达中最常见的几何元素之一。

其标准方程为：$ax + by + c = 0$，a、b、c 为常数。

其参数方程为：$\begin{cases} x = x_0 + t\cos\alpha \\ y = y_0 + t\sin\alpha \end{cases}$，$(x_0, y_0)$ 为直线上一点，α 为直线的倾角，t 为参数。

2. 圆弧

圆弧也是零件形状表达中常见的几何元素之一。圆弧是圆上的一部分,圆的方程可用以下两种方式表达。

标准方程为:$(x-x_0)^2+(y-y_0)^2=R^2$,(x_0,y_0)为圆心坐标,R为半径。

参数方程为:$\begin{cases} x=x_0+R\cos\alpha \\ y=y_0+R\sin\alpha \end{cases}$,$(x_0,y_0)$为圆心坐标,$R$为半径,$\alpha$为参数。

3. 圆锥曲线

圆锥曲线包括椭圆、双曲线、抛物线。其统一定义为:到定点的距离与到定直线的距离之比 e 为常数的点的轨迹。圆锥曲线可用二元二次方程 $ax^2+bxy+cy^2+dx+ey+f=0$ 表达。根据判别式的不同,它包含了椭圆、双曲线、抛物线以及各种退化情形。

(1)椭圆

$0<e<1$ 时,圆锥曲线的轨迹为椭圆。定点是椭圆的焦点,定直线是椭圆的准线。

其标准方程为:

① 中心在原点,焦点在 x 轴上:$x^2/a^2+y^2/b^2=1$,a、b 分别为其长、短半轴的长;

② 中心在原点,焦点在 y 轴上:$x^2/b^2+y^2/a^2=1$。

其参数方程为:$\begin{cases} x=a\cos\alpha \\ y=b\sin\alpha \end{cases}$,$\alpha$ 为参数。

(2)抛物线

$e=1$ 时,圆锥曲线的轨迹为抛物线。定点是抛物线的焦点,定直线是抛物线的准线。

其标准方程为:

① 开口方向为 y 轴:$y=ax^2+bx+c$,a、b、c 为常数,且 $a\neq0$;

② 开口方向为 x 轴:$x=ay^2+by+c$,$a\neq0$。

其参数方程为:$\begin{cases} x=2pt^2 \\ y=2pt \end{cases}$,$t$ 为参数。

(3)双曲线

$e>1$ 时,圆锥曲线的轨迹为双曲线。定点是双曲线的焦点,定直线是双曲线的准线。

其标准方程为:

① 中心在原点,焦点在 x 轴上:$x^2/a^2-y^2/b^2=1$,a、b 分别为其半实轴、半虚轴长;

② 中心在原点,焦点在 y 轴上:$y^2/a^2-x^2/b^2=1$。

其参数方程为:$\begin{cases} x=a\sec\theta \\ y=b\tan\theta \end{cases}$,$\theta$ 为参数。

4. 自由曲线

在一些外形复杂的机械产品(如汽车、飞机、船体等)设计时,描述其外形的曲线或曲面只有大致形状或只知道其通过某些点列,而无法用解析数学表达式进行描述。因此,一般将不能用解析数学表达式表示的曲线或曲面称为自由曲线或曲面。根据数学表达形式的不同,自由曲线可分为圆弧样条曲线、Bézier 曲线、有理 Bézier 曲线、B 样条曲线、NURBS 曲线等。其中最常用的两类曲线为 Bézier 曲线和 B 样条曲线。

（1）Bézier 曲线

Bézier 曲线、曲面造型理论是由法国雷诺汽车公司的车身设计师 Pierre Bézier 于 20 世纪 60 年代提出的，是 CAGD 领域最基本的造型工具之一。其定义如下：

设有 $n+1$ 个点向量 $\{\boldsymbol{P}_i\}_{i=0}^n \in \Re^3$，则与其相应的曲线

$$\boldsymbol{P}(t) = \sum_{i=0}^n B_i^n(t)\boldsymbol{P}_i, 0 \leqslant t \leqslant 1$$

称为 n 次 Bézier 曲线，$\boldsymbol{P}_0\boldsymbol{P}_1\cdots\boldsymbol{P}_n$ 称为控制多边形或特征多边形，$\boldsymbol{P}_i(i=0,1,2,\cdots,n)$ 称为控制顶点。

式中，$B_i^n(t)$ 是 n 次 Bernstein 基函数，$B_i^n(t) = C_n^i t^i (1-t)^{n-i}$。

实际生产中多使用三次 Bézier 曲线，这时曲线方程为：

$$\boldsymbol{P}(t) = \sum_{i=0}^3 B_i^3(t)\boldsymbol{P}_i$$
$$= (1-t)^3\boldsymbol{P}_0 + 3t(1-t)^2\boldsymbol{P}_1 + 3t^2(1-t)\boldsymbol{P}_2 + t^3\boldsymbol{P}_3 \quad (i=0,1,2,3; 0 \leqslant t \leqslant 1)$$

上式写成矩阵形式为：

$$\boldsymbol{P}(t) = \begin{bmatrix} t^3 & t^2 & t & 1 \end{bmatrix} \begin{bmatrix} -1 & 3 & -3 & 1 \\ 3 & -6 & 3 & 0 \\ -3 & 3 & 0 & 0 \\ 1 & 0 & 0 & 0 \end{bmatrix} \begin{bmatrix} \boldsymbol{P}_0 \\ \boldsymbol{P}_1 \\ \boldsymbol{P}_2 \\ \boldsymbol{P}_3 \end{bmatrix}$$

从上式可知，三次 Bézier 曲线通过首末两个端点，即 $\boldsymbol{P}(0) = \boldsymbol{P}_0$ 和 $\boldsymbol{P}(1) = \boldsymbol{P}_3$，过两端点的切矢分别为 $\boldsymbol{P}'(0) = 3(\boldsymbol{P}_1 - \boldsymbol{P}_0)$ 和 $\boldsymbol{P}'(1) = 3(\boldsymbol{P}_3 - \boldsymbol{P}_2)$。三次 Bézier 曲线及其特征多边形如图 3.1 所示。

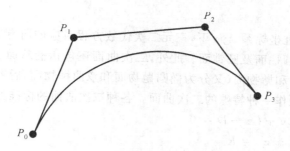

图 3.1　Bézier 曲线及特征多边形

（2）B 样条曲线

B 样条曲线既有 Bézier 曲线的几何特性，又有局部形状可调及连续阶数可调等 Bézier 曲线所没有的特性。它是 1974 年 Gordon 和 Riesenfeld 把 B 样条函数推广到矢值形式而得到的。

其定义如下：

假设 $\{\boldsymbol{P}_i\}_{i=1}^n \in \Re^3$，$N_{i,k}(t)$ 是对应于参数 t 轴上不均匀分割 $T = \{t_j\}_{-\infty}^{+\infty}$ 的 k 阶 B 样条基函数，则称

$$\boldsymbol{P}(t) = \sum_{i=1}^n N_{i,k}(t)\boldsymbol{P}_i, \quad t_k \leqslant t \leqslant t_{k+1}, n \geqslant k$$

为对应于节点向量 T 的 k 阶($k-1$)次非均匀 B 样条曲线,称 $\boldsymbol{P}_i$ 为控制顶点,称 $\boldsymbol{P}_1\boldsymbol{P}_2\cdots\boldsymbol{P}_n$ 为控制多边形。

式中,$N_{i,k}(t)$ 为 B 样条基函数,计算公式如下:

$$\begin{cases} N_{i,1}(t) = \begin{cases} 1, & t \in [t_i, t_{i+1}) \\ 0, & \text{其他} \end{cases} \\ N_{i,k}(t) = \dfrac{t-t_i}{t_{i+k-1}-t_i}N_{i,k-1}(t) + \dfrac{t_{i+k}-t}{t_{i+k}-t_{i+1}}N_{i+1,k-1}(t), & k \geqslant 2 \end{cases}$$

上式中规定,凡出现 0/0 的项均为 0。

当节点间距相等时,设 $t_i = i, i = 0, \pm 1, \pm 2, \cdots$,则式 $\boldsymbol{P}(t) = \sum\limits_{i=1}^{n} N_{i,k}(t)\boldsymbol{P}_i$ 定义的曲线便成为均匀 B 样条曲线。其中四阶(三次)均匀 B 样条曲线是最简单、最常用的一种。当 t 取 $[0,1]$ 时的一段 B 样条曲线,可用下式表示:

$$\boldsymbol{P}(t) = \sum N_{i,4}(t)\boldsymbol{P}_i = \frac{1}{6}\begin{bmatrix} t^3 & t^2 & t & 1 \end{bmatrix}\begin{bmatrix} -1 & 3 & -3 & 1 \\ 3 & -6 & 3 & 0 \\ -3 & 0 & 3 & 0 \\ 1 & 4 & 1 & 0 \end{bmatrix}\begin{bmatrix} \boldsymbol{P}_1 \\ \boldsymbol{P}_2 \\ \boldsymbol{P}_3 \\ \boldsymbol{P}_4 \end{bmatrix}$$

3.1.2　常用的曲面类型及其数学模型

机械零件表面通常采用平面、二次曲面或自由曲面进行描述。平面、二次曲面是零件表面上最常见的几何元素。特殊的零件表面则需要采用自由曲面建立其数学模型。

1. 二次曲面

二次曲面是在三维坐标系 xyz 下,三元二次代数方程对应的所有图形的统称。最常见的二次曲面是球面和圆柱面及圆锥面。此外,二次曲面还包括椭球面、双曲面(又分为单叶双曲面和双叶双曲面)和抛物面(又分为椭圆抛物面和双曲抛物面,后者又称马鞍面)。为叙述方便,此处将平面视作一种特殊的二次曲面。各种二次曲面的标准方程如下:

(1)平面:$Ax + By + Cz + D = 0$

(2)球面:$x^2 + y^2 + z^2 = R^2$

(3)圆柱面:$x^2 + y^2 = r^2$

(4)圆锥面:$(x^2 + y^2)/a^2 - z^2/c^2 = 0$

(5)椭圆柱面:$x^2/a^2 + y^2/b^2 = 1$

(6)双曲柱面:$x^2/a^2 - y^2/b^2 = 1$

(7)抛物柱面:$y^2 - 2ax = 0$

(8)椭圆锥面:$x^2/a^2 + y^2/b^2 - z^2/c^2 = 0$

(9)椭球面:$x^2/a^2 + y^2/b^2 + z^2/c^2 = 1$

(10)椭圆抛物面:$x^2/a^2 + y^2/b^2 = z$

(11)单叶双曲面:$x^2/a^2 + y^2/b^2 - z^2/c^2 = 1$

(12)双叶双曲面:$x^2/a^2 - y^2/b^2 - z^2/c^2 = -1$

(13)双曲抛物面(马鞍面):$x^2/a^2 - y^2/b^2 = z$

2. 自由曲面

根据数学表达形式的不同，自由曲面可分为 Coons 曲面、Bézier 曲面、B 样条曲面等。较常用的两类曲面为 Bézier 曲面和 B 样条曲面。

（1）Bézier 曲面

Bézier 曲面的理论基础是 Bézier 曲线。在曲线造型的理论基础上，通过一定的数学构思，可生成其相应的曲面表达模型。其定义如下：

设有 $(m+1)(n+1)$ 个向量 $\{\boldsymbol{P}_{ij}\}_{i=0,j=0}^{m,n} \in \Re^3$，$B_i^m(u)$，$B_j^n(v)$ 为 Bernstein 基，则与其相应的张量积曲面

$$\boldsymbol{P}(u,v) = \sum_{i=0}^m \sum_{j=0}^n B_i^m(u)B_j^n(v)P_{ij}, 0 \leqslant u,v \leqslant 1$$

称为 $[0,1] \otimes [0,1]$ 上的 $m \times n$ 次 Bézier 曲面，$\boldsymbol{P}_{ij}$ 称为控制顶点，同行同列的相邻两点用直线连成的网格称为 Bézier 特征网格。

生产实际中最常用的是双三次 Bézier 曲面，其方程如下：

$$\boldsymbol{P}(u,v) = \sum_{i=0}^3 \sum_{j=0}^3 B_i^3(u)B_j^3(v)\boldsymbol{P}_{ij} = UMPM^{\mathrm{T}}V^{\mathrm{T}}$$

其中，$\boldsymbol{U} = \begin{bmatrix} u^3 & u^2 & u & 1 \end{bmatrix}$，$\boldsymbol{V} = \begin{bmatrix} v^3 & v^2 & v & 1 \end{bmatrix}$，$\boldsymbol{M} = \begin{bmatrix} -1 & 3 & -3 & 1 \\ 3 & -6 & 3 & 0 \\ -3 & 3 & 0 & 0 \\ 1 & 0 & 0 & 0 \end{bmatrix}$，

$$\boldsymbol{P} = \begin{bmatrix} \boldsymbol{P}_{0,0} & \boldsymbol{P}_{0,1} & \boldsymbol{P}_{0,2} & \boldsymbol{P}_{0,3} \\ \boldsymbol{P}_{1,0} & \boldsymbol{P}_{1,1} & \boldsymbol{P}_{1,2} & \boldsymbol{P}_{1,3} \\ \boldsymbol{P}_{2,0} & \boldsymbol{P}_{2,1} & \boldsymbol{P}_{2,2} & \boldsymbol{P}_{2,3} \\ \boldsymbol{P}_{3,0} & \boldsymbol{P}_{3,1} & \boldsymbol{P}_{3,2} & \boldsymbol{P}_{3,3} \end{bmatrix}$$

双三次 Bézier 曲面及其特征网格如图 3.2 所示。

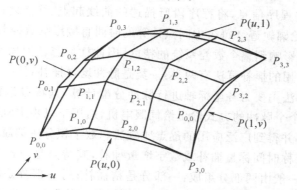

图 3.2　双三次 Bézier 曲面及其特征网格

（2）B 样条曲面

给定参数轴 u 和 v 的节点矢量，$\boldsymbol{U} = [u_0, u_1, \cdots, u_{m+k+1}]$，$\boldsymbol{V} = [v_0, v_1, \cdots, v_{n+l+1}]$，则 $k \times l$ 次 B 样条曲面的定义如下：

$$P(u,v) = \sum_{i=0}^{m} \sum_{j=0}^{n} N_{i,k}(u) N_{j,l}(v) P_{ij}$$

P_{ij} 称为控制顶点,同行同列的相邻两点用直线连成的网格称为 B 样条曲面的特征网格。$N_{i,k}(u)$ 和 $N_{j,k}(v)$ 是 B 样条基函数,分别由节点矢量 U 和 V 按 deBoor-Cox 递推公式决定。

生产实际中最常用的是双三次均匀 B 样条曲面,其方程如下:

$$P(u,v) = (F_1(u) \quad F_2(u) \quad F_3(u) \quad F_4(u)) \begin{bmatrix} P_{0,0} & P_{0,1} & P_{0,2} & P_{0,3} \\ P_{1,0} & P_{1,1} & P_{1,2} & P_{1,3} \\ P_{2,0} & P_{2,1} & P_{2,2} & P_{2,3} \\ p_{3,0} & P_{3,1} & P_{3,2} & P_{3,3} \end{bmatrix} \begin{bmatrix} F_1(v) \\ F_2(v) \\ F_3(v) \\ F_4(v) \end{bmatrix}$$

$$(F_1(u) \quad F_2(u) \quad F_3(u) \quad F_4(u)) = \frac{1}{6}(u^3 \quad u^2 \quad u \quad 1) \begin{bmatrix} -1 & 3 & -3 & 1 \\ 3 & -6 & 3 & 0 \\ -3 & 0 & 3 & 0 \\ 1 & 4 & 1 & 0 \end{bmatrix}$$

$$(F_1(v) \quad F_2(v) \quad F_3(v) \quad F_4(v)) = \frac{1}{6} \begin{bmatrix} -1 & 3 & -3 & 1 \\ 3 & -6 & 0 & 4 \\ -3 & 3 & 3 & 1 \\ 1 & 0 & 0 & 0 \end{bmatrix} \begin{bmatrix} v^3 \\ v^2 \\ v \\ 1 \end{bmatrix}$$

3.2　插补计算方法

机床数控系统依照一定方法确定刀具运动轨迹的过程,或者说已知曲线上的某些数据,按照某种算法计算已知点之间中间点的方法,称为插补计算,也称为"数据点的密化"。数控装置根据输入的零件程序信息,将程序段所描述的曲线起点、终点之间的空间进行数据密化,从而形成要求的轮廓轨迹。每个中间点计算的时间直接影响数控装置的控制速度,插补中间点的计算精度也影响到整个数控系统的精度,因此插补算法对整个数控系统的性能有很大的影响。目前常用的插补算法有两类:一类是脉冲增量插补;另一类是数据采样插补。

脉冲增量插补算法主要为各坐标轴进行脉冲分配计算,其特点是每次插补结束只产生一个行程增量,以一个个脉冲的方式输出给伺服电机,适用于以步进电机为驱动装置的开环数控系统。较为成熟并得到广泛应用的逐点比较法和数字积分法都属于脉冲增量插补。

数据采样插补又称时间标量插补或数字增量插补,其特点是数控装置产生的不是单个脉冲,而是数字量。一般由两部分组成:一部分是精插补;另一部分是粗插补。粗插补计算出一定时间内加工动点应该移动的距离(将曲线离散为直线段),再进行精插补(对小直线段进行数据点密化),主要用于直流或交流伺服电机为驱动装置的闭环或半闭环系统。

下文重点介绍一种常用的脉冲增量插补算法——逐点比较法,其他插补算法的详细内容可参阅相关书籍。

目前,数控系统一般都具有直线和圆弧插补功能。对于非直线和圆弧曲线则采用直线或圆弧分段拟合的方法进行插补。高档数控系统则提供 Bézier 曲线、B 样条曲线等复杂曲线插补功能。

3.2.1　逐点比较法直线插补

逐点比较法就是每走一步都要将工作点的瞬时坐标与规定的运动轨迹进行比较,判断偏差,根据偏差值,确定下一步进给方向。这样,就能得出一个非常接近于规定运动轨迹的图形,且最大偏差不超过一个脉冲当量。

逐点比较法插补前,先要根据规定的运动轨迹曲线构造一个偏差函数 $F=F(x,y)$,x、y 是动点坐标。分别以 $F(x,y)>0$,$F(x,y)=0$,$F(x,y)<0$ 表示动点的位置。

逐点比较法插补过程有四个处理节拍,分别为:

第一节拍——偏差判别。判别刀具当前位置相对于给定轮廓的偏差状况。

第二节拍——坐标进给。根据偏差状况,控制相应坐标轴进给一步,使加工点向被加工轮廓靠拢。

第三节拍——偏差计算。刀具进给一步后,坐标点位置发生了变化,应按偏差计算公式计算当前位置的偏差值。

第四节拍——终点判别。若已经插补到终点,则停止插补,否则重复以上过程。

1. 偏差判别

设被加工直线 OA 位于 OXY 平面的第一象限内,起点为坐标原点,终点为 $A(x_e,y_e)$,如图 3.3 所示。

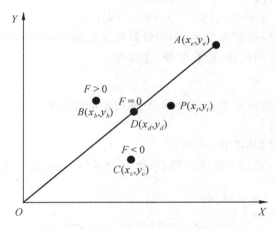

图 3.3　逐点比较法第一象限直线插补

直线方程为: $\dfrac{y_i}{x_i}=\dfrac{y_e}{x_e}$

直线插补时,刀具所在位置可能有三种情况:位于直线的上方(如 B 点)、位于直线的下方(如 C 点)、位于直线上(如 D 点)。

对于位于直线上方的点 $B(x_b,y_b)$,则有:

$$y_b x_e - x_b y_e > 0$$

对于位于直线下方的点 $C(x_c,y_c)$,则有:

$$y_c x_e - x_c y_e < 0$$

对于位于直线上的点 $D(x_d, y_d)$，则有：

$$y_d x_e - x_d y_e = 0$$

因此，取偏差判别函数 F 为：$F = x_e y_i - x_i y_e$

若 $F = 0$，表明点 P 在直线上；

若 $F > 0$，表明点 P 在直线上方；

若 $F < 0$，表明点 P 在直线下方。

2. 坐标进给

对于第一象限的直线，从起点（坐标原点）出发到达终点 A，其坐标进给的方向为 $+x$、$+y$。具体情况如下：

$F > 0$ 时，沿 $+x$ 方向走一步，以缩小偏差；

$F < 0$ 时，沿 $+y$ 方向走一步，以缩小偏差；

$F = 0$，通常规定与 $F > 0$ 为同一方向。

3. 偏差计算

为避免计算偏差时，既要作乘法计算，又要作减法计算，提高计算效率，可采用递推算法进行偏差计算。偏差递推计算公式推导如下：

当 $F \geqslant 0$ 时，沿 $+x$ 方向走一步，新的偏差为：

$$F_{i+1} = x_e y_i - x_{i+1} y_e = x_e y_i - (x_i + 1) y_e = F_i - y_e$$

当 $F < 0$ 时，沿 $+y$ 方向走一步，新的偏差为：

$$F_{i+1} = x_e y_{i+1} - x_i y_e = x_e(y_i + 1) - x_i y_e = F_i + x_e$$

递推计算法只用直线的终点坐标，不须计算和保存动点的中间坐标值，使硬件或软件得以简化。只用加减法，不用乘法，计算简便，速度快。

4. 终点判别

刀具是否到达直线终点可根据其沿 X、Y 轴所走的总步数来判断。总步数 N 为：

$$N = |x_e| + |y_e|$$

插补结束的条件为插补步数 $J = N$。

按照以上计算方法，对起点在坐标原点，终点为 $A(5, 3)$ 的直线进行插补，结果如图 3.4 所示。

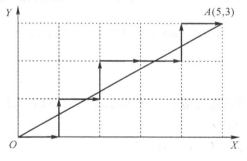

图 3.4　直线插补实例

3.2.2　逐点比较法圆弧插补

以第一象限逆时针圆弧为例,说明逐点比较法圆弧插补的方法。

1. 偏差判别

设圆弧起点为 $A(x_0,y_0)$,终点为 $B(x_e,y_e)$,圆心为坐标原点,如图 3.5 所示。

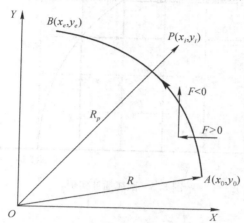

图 3.5　逐点比较法第一象限逆时针圆弧插补

圆弧方程:$x^2 + y^2 = R^2$

取偏差判别函数为:$F = x^2 + y^2 - R^2$

若 $F=0$,表明点 P 在圆弧上;

若 $F>0$,表明点 P 在圆弧外;

若 $F<0$,表明点 P 在圆弧内。

2. 坐标进给

对于第一象限的逆时针圆弧,从起点出发到达终点,其坐标进给的方向为 $-x$、$+y$。

当 $F>0$(或 $F=0$)时,沿 $-x$ 方向走一步,以缩小偏差;

当 $F<0$ 时,沿 $+y$ 方向走一步,以缩小偏差。

3. 偏差计算

当 $F \geqslant 0$ 时,沿 $-x$ 方向走一步,此时

$$x_{i+1} = x_i - 1, y_{i+1} = y_i$$

新的偏差为:

$$F_{i+1} = (x_i - 1)^2 + y_i^2 - R^2 = F_i - 2x_i + 1$$

当 $F<0$ 时,沿 $+y$ 方向走一步,此时

$$x_{i+1} = x_i, y_{i+1} = y_i + 1$$

新的偏差为:

$$F_{i+1} = x_i^2 + (y_i + 1)^2 - R^2 = F_i + 2y_i + 1$$

4. 终点判别

刀具是否到达圆弧终点可根据其沿 X、Y 轴所走的总步数来判断。总步数 N 为:

$$N=|x_e-x_0|+|y_e-y_0|$$

按照以上计算方法,对起点为 $A(5,0)$,终点为 $B(0,5)$,圆心在坐标原点的第一象限逆时针圆弧进行插补,结果如图 3.6 所示。

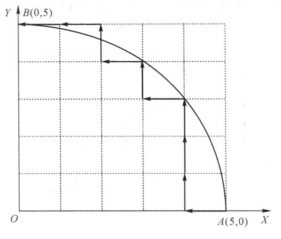

图 3.6　圆弧插补实例

3.3　常用的数值计算方法

数控机床一般都具有直线、圆弧等插补功能。数控编程时数值计算的主要内容是根据零件图样和选定的走刀路线、编程误差等计算出以直线和圆弧组合所描述的刀具运动轨迹。下面介绍数控编程时经常遇到的两类数值计算问题——基点与节点的计算。

3.3.1　基点计算

零件轮廓曲线一般是由许多不同的几何元素组成,如直线、圆弧、二次曲线、自由曲线等,各几何元素之间的连接点称为基点,如直线与直线之间的交点、直线与圆弧的交点或切点、圆弧与圆弧之间的交点或切点等。图 3.7 中点 A、B、C、D 均为基点。基点坐标是数控编程时所必需的重要数据。

对于由直线与圆弧组成的零件轮廓,基点的计算较简单,一般可通过联立方程法或三角函数法求解。对于形状复杂的零件,如含有自由曲线的零件,可借助 CAD/CAM 软件来完成基点的计算,或直接利用软件来完成程序的编制。

1. 联立方程组法

(1)直线与圆弧相交或相切

如图 3.8 所示,已知直线方程 $y=kx+b$,求以点 (x_0,y_0) 为圆心,半径为 R 的圆与该直线的交点坐标 (x_c,y_c)。

将直线方程与圆的方程联立,得联立方程组:

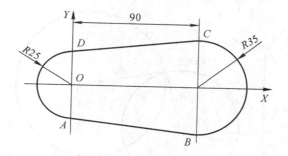

$$A(-0.93,-8.33)\,,\quad B(28.7,-11.59)$$
$$C(28.7,11.59)\,,\quad D(-0.93,8.33)$$

图 3.7　基点坐标

$$\begin{cases} (x-x_0)^2 + (y-y_0)^2 = R^2 \\ y = kx + b \end{cases}$$

求解后,可得:

$$A = 1 + k^2\,, B = 2[k(b-y_0)-x_0]\,, C = x_0^2 + (b-y_0)^2 - R^2$$

$$x_c = -B \pm \sqrt{B^2 - 4AC}/2A\,, y_c = kx_c + b$$

当直线与圆相切时,取 $B^2 - 4AC = 0$,可求出 $x_c = -B/2A$,其余计算公式不变。

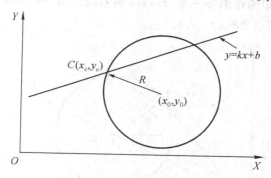

图 3.8　直线与圆弧相交

(2) 圆弧与圆弧相交或相切

如图 3.9 所示,已知两相交圆的圆心坐标及半径分别为(x_1,y_1),R_1,(x_2,y_2),R_2,求其交点坐标(x_c,y_c)。

联立两圆方程:

$$\begin{cases} (x-x_1)^2 + (y-y_1)^2 = R_1^2 \\ (x-x_2)^2 + (y-y_2)^2 = R_2^2 \end{cases}$$

求解后,得:

$$\Delta x = x_2 - x_1\,, \Delta y = y_2 - y_1$$

$$D = \frac{(x_2^2 + y_2^2 - R_2^2) - (x_1^2 + y_1^2 - R_1^2)}{2}$$

$$A = 1 + \left(\frac{\Delta x}{\Delta y}\right)^2\,, B = 2\left[\left(y_1 - \frac{D}{\Delta y}\right)\frac{\Delta x}{\Delta y} - x_1\right]\,, C = \left(y_1 - \frac{D}{\Delta y}\right) + x_1^2 - R_1^2$$

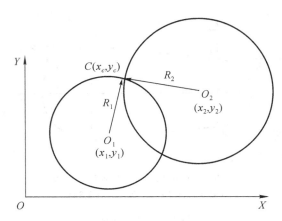

图 3.9   圆弧与圆弧相交

$$x_c = \frac{-B \pm \sqrt{B^2 - 4AC}}{2A}, y_c = \frac{D - \Delta x \cdot x_c}{\Delta y}$$

当两圆相切时,取 $B^2 - 4AC = 0$,可用上式求出切点坐标。

2. 三角函数法

(1) 直线与圆相切求切点坐标

如图 3.10 所示,已知通过圆外一点 (x_1, y_1) 的直线 L 与一已知圆相切,圆的圆心坐标为 (x_2, y_2),半径为 R,求切点坐标 (x_c, y_c)。

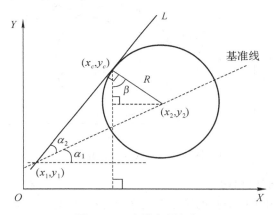

图 3.10   直线与圆相切

计算公式如下:

$$\Delta x = x_2 - x_1, \Delta y = y_2 - y_1,$$

$$\alpha_1 = \arctan \frac{\Delta y}{\Delta x}, \alpha_2 = \arcsin \frac{R}{\sqrt{\Delta x^2 + \Delta y^2}}, \beta = |\alpha_1 \pm \alpha_2|,$$

$$x_c = x_2 \pm R|\sin\beta|, y_c = y_2 \pm R|\cos\beta|$$

(2) 直线与圆相交求交点坐标

如图 3.11 所示,已知过点 (x_1, y_1) 的直线 L 与 X 轴的夹角为 α_1,圆的圆心坐标为 (x_2, y_2),半径为 R,求交点坐标 (x_c, y_c)。

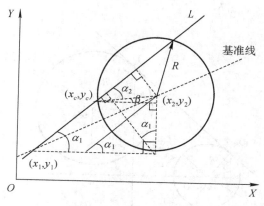

图 3.11　直线与圆相交

计算公式如下：

$$\Delta x = x_2 - x_1 , \Delta y = y_2 - y_1$$

$$\alpha_2 = \arcsin \left| \frac{\Delta x \sin\alpha_1 - \Delta y \cos\alpha_1}{R} \right| , \beta = |\alpha_1 \pm \alpha_2|$$

$$x_c = x_2 \pm R|\cos\beta| , y_c = y_2 \pm R|\sin\beta|$$

（3）两圆相交求交点坐标

如图 3.12 所示，已知两圆的圆心坐标及半径分别为 (x_1 , y_1)、R_1、(x_2 , y_2)、R_2，求其交点坐标 (x_c , y_c)。

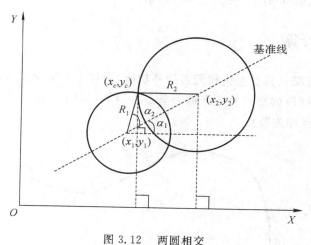

图 3.12　两圆相交

计算公式如下：

$$\Delta x = x_2 - x_1 , \Delta y = y_2 - y_1 , d = \sqrt{\Delta x^2 + \Delta y^2} ,$$

$$\alpha_1 = \arctan \frac{\Delta y}{\Delta x} , \alpha_2 = \arccos \frac{R_1^2 + d^2 - R_2^2}{2R_1 d} , \beta = |\alpha_1 \pm \alpha_2| ,$$

$$x_c = x_1 \pm R_1 \cos\beta , y_c = y_1 \pm R_1 \sin\beta$$

（4）直线与两圆相切求切点坐标

如图 3.13 所示，已知两圆的圆心坐标及半径分别为 (x_1 , y_1)，R_1，(x_2 , y_2)，R_2，一直线与

两圆相切,求其切点坐标(x_c,y_c)。

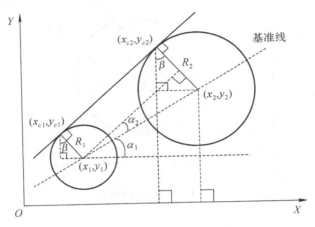

图 3.13　　一直线与两圆相交

计算公式如下:

$$\Delta x = x_2 - x_1, \Delta y = y_2 - y_1$$

$$\alpha_1 = \arctan \frac{\Delta y}{\Delta x}, \alpha_2 = \arcsin \left| \frac{R_2 \pm R_1}{\sqrt{\Delta x^2 + \Delta y^2}} \right|, \beta = \alpha_1 + \alpha_2$$

$$x_{c1} = x_1 \pm R_1 \sin\beta, y_{c1} = y_1 \pm R_1 |\cos\beta|$$

$$x_{c2} = x_2 \pm R_2 \sin\beta, y_{c2} = y_2 \pm R_2 |\cos\beta|$$

3.3.2　节点计算

一般的数控系统都只具备直线和圆弧插补功能,当加工非圆曲线时,常用直线或圆弧段去逼近曲线,则逼近线段的交点或切点称为节点。例如,对图 3.14 所示曲线用直线段逼近时,其交点中 $A \sim J$ 点即为节点。

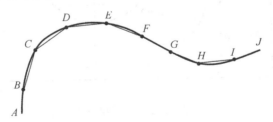

图 3.14　节点坐标

节点的计算往往比较复杂,手工计算很难完成,一般需要借助 CAD/CAM 软件来完成。求得各节点坐标后,就可按相邻两节点间的直线段来编写加工程序。

用直线或圆弧段逼近非圆曲线时,节点的数目决定了程序段的数目。节点数目越多,由直线或圆弧逼近非圆曲线时的逼近误差越小,程序的长度则越长。因此,节点数目的多少,决定了加工的精度和程序的长度。

1. 非圆二次曲线节点计算

非圆二次曲线可采用直线或圆弧段进行逼近。常用的计算方法包括等逼近长度法和等逼近误差法。等逼近误差法使各插补段的误差相等，而逼近线段长度不等，可大大减少逼近线段数量，下面介绍该方法的计算步骤。

如图 3.15 所示，设曲线方程为 $y = f(x)$，允许的逼近误差为 $\delta_允$。计算步骤如下：

（1）以曲线起点 (x_0, y_0) 为圆心，$\delta_允$ 为半径建立圆的方程：

$$(x - x_0)^2 + (y - y_0)^2 = \delta_允^2$$

（2）求该圆与曲线 $y = f(x)$ 的公切线方程：

$$y = kx + b$$

（3）求平行于公切线的直线与曲线 $y = f(x)$ 的交点，获得逼近直线的端点。解下列方程组

$$\begin{cases} y = f(x) \\ y = k(x - x_0) + y_0 \end{cases}$$

便可求得交点 (x_1, y_1)，从而确定第一个逼近节点坐标。再以 (x_1, y_1) 为起点，重复上述步骤，便可得到其余节点的坐标。

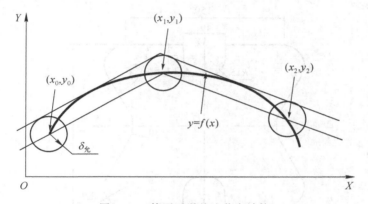

图 3.15　等逼近误差法节点计算

2. 自由曲线节点计算

自由曲线的表达形式有多种。此处仅介绍三次 B 样条曲线和三次 Bézier 曲线用直线段逼近时的节点计算方法。具体步骤如下：

（1）如果为 B 样条曲线，则将其转化为 Bézier 曲线（具体方法可参阅计算机辅助设计方面的书籍）。

（2）如图 3.16 所示，对于由控制顶点 P_0、P_1、P_2、P_3 定义的三次 Bézier 曲线，计算其控制顶点 P_1、P_2（除端点 P_0、P_3 外的另外两个控制顶点）到直线 L（连接 P_0、P_3 的直线）的距离 d_1、d_2，求出二者中的最大值 $\max(d_1, d_2)$。若 $\max(d_1, d_2) \leqslant \delta_允$，则转步骤（4）。

（3）将曲线控制多边形的各边进行对分，经三次分割后可将曲线分为两段。对应的控制顶点分别是 P_0、P_0^1、P_0^2、P_0^3 和 P_0^3、P_1^2、P_2^1、P_3。转步骤（2）进行逼近误差判别，如果某段曲线用直线段替代时逼近误差大于 $\delta_允$，则重复此步骤继续进行分割。

（4）分割结束后，将曲线端点按顺序排列，即可得到逼近节点。

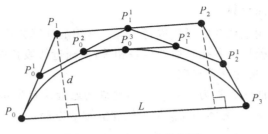

图 3.16　Bézier 曲线离散

习　题

3.1 写出常用的曲线类型及其数学模型。

3.2 写出常用的曲面类型及其数学模型。

3.3 什么是插补计算？常用的插补算法有哪些？

3.4 计算如图 3.17 所示零件轮廓的基点坐标。

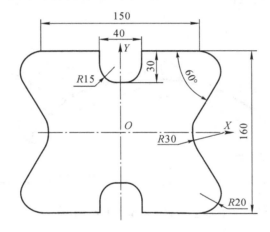

图 3.17　习题 3.4 图

第4章 数控车床编程与加工实训

4.1 编程基础

数控车床是一种高精度、高效率的自动化加工机床，是目前使用最为广泛的数控机床之一。它具有广泛的工艺性能，可加工圆柱面、圆锥面、圆弧面和各种螺纹，具有直线插补、圆弧插补功能，在复杂零件的批量生产中发挥了良好的经济效果。其机械结构主要由床身、主轴箱、刀架、进给系统、冷却和润滑系统等部分组成（如图 4.1、4.2 所示）。数控车床的进给系统与普通车床有较大的区别，普通车床有进给箱和交换齿轮架，而数控车床是直接用伺服电机通过滚珠丝杠驱动溜板和刀架实现进给运动的，因而进给系统的结构大为简化。

图 4.1 卧式数控车床

图 4.2 立式数控车床

4.1.1　运动系统

数控车床的运动机构主要包括主运动系统和进给传动系统。主运动系统即主轴部件，主轴上装有用来装夹工件的卡盘。与主轴轴线平行的方向为机床的 Z 轴。

数控车床为两轴联动机床，两坐标轴分别为 Z、X。Z、X 向进给传动系统一般由两台伺服电机通过驱动螺母丝杠机构来实现。通过两轴联动插补，可使刀具在 ZX 平面内沿"任意"曲线移动，实现复杂表面零件的加工。

4.1.2　工艺范围与编程特点

1. 工艺范围

从数控车床的运动系统可以看出，它主要用于加工轴类、盘类等回转体零件。其中卧式车床主要用于加工长径比较大的轴类零件，立式车床主要用于加工长径比较小的盘类零件。

数控车床可自动完成的工艺范围包括内外圆柱面、圆锥面、成形表面、螺纹和端面等工序的切削加工，并能进行切槽、钻孔、扩孔以及铰孔等工作。

2. 编程特点

数控车床编程具有如下特点：

（1）可使用增量值编程、绝对值编程或混合编程。

（2）绝对值编程时的坐标字指令为 X、Z，增量值编程时的坐标字指令为 U、W。

（3）X 方向一般使用直径值编程，也可使用半径值，但不能混合。

由于数控车床主要加工回转体类零件，此类零件图纸上沿 X 方向标注的尺寸一般为直径值，而非半径值，所以为了简化编程，一般 X 方向的坐标值使用直径值表示，此时使用的 X 方向坐标值为实际坐标值的两倍。

（4）工件坐标系 Z 轴与零件的回转轴线重合，且坐标原点必须位于该轴线上。

零件通过卡盘装夹在主轴上回转时，其轴线必与主轴轴线重合，而机床主轴轴线为 Z 轴，故工件坐标系的 Z 轴必须与零件的回转轴线相重合。

（5）一般具有固定循环功能。

为了在粗车加工时简化编程，一般数控车床都具有固定循环指令。根据指令复合程度的不同，可分为单一固定循环指令和复合循环指令。

（6）刀具补偿功能。

为了适应不同的刀具长度和消除刀尖圆角对加工精度的影响，一般数控车床都具有刀具长度补偿功能和刀尖圆角半径补偿功能。

4.2　基本编程指令

本节主要介绍 FANUC 数控车床系统的常用基本编程指令。第 2 章中介绍过的指令，本节不再赘述,在后面的实例中将综合应用这些指令进行编程。

4.2.1　进给速度控制指令

1.每分钟进给量 G98

指令格式:G98 F __

例如:G98 F160 表示进给量为 160mm/min。

2.每转进给量 G99

指令格式:G99 F __

例如:G99 F0.5 表示进给量为 0.5mm/r,即主轴每转过 1 转,刀具进给 0.5mm。

4.2.2　主轴转速控制指令

1.恒线速度控制 G96

指令格式:G96 S __

例如:G96 S100 表示控制主轴转速,使刀具切削点处的线速度始终为 100m/min。

当加工直径不断变化的零件内、外表面时(如图 4.3 所示),如果转速保持不变,则由于刀具切削点处工件直径的变化而使切削线速度不断变化,最终影响表面加工质量。为了保证零件表面加工质量,可采用 G96 指令使线速度保持不变,此时数控系统会自动计算各点处的主轴转速,使主轴转速不断变化。主轴转速与切削速度之间的关系如下:

$$n = 1000v/\pi d$$

式中:n——主轴转速,r/min;

　　　v——切削速度,m/min;

　　　d——切削点处工件直径,mm。

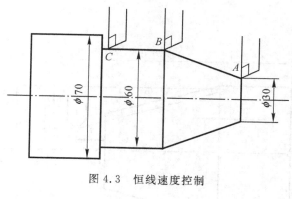

图 4.3　恒线速度控制

2.取消恒线速度控制 G97

指令格式:G97 S __

例如:G97 S1200 表示主轴转速为 1200r/min。

当由 G96 转为 G97 方式时,应对 S 指令赋值,未赋值时,将使用 G96 指令的最终值。

当由 G97 转为 G96 方式时,若没有 S 指令,则按前一 G96 所赋 S 值进行恒线速度控制。

3. 设定主轴最高转速 G50

指令格式:G50 S ＿＿

例如,G50 S2000 表示主轴最高转速为 2000r/min。

当采用 G96 指令进行恒线速度控制模式时,主轴转速将随着切削点处工件直径的减小而逐渐增大,主轴转速太高可能会造成机床的损坏或给加工安全造成影响,故需对主轴最高转速进行限制。

4.2.3　刀具功能指令 T

数控车床一般都带有可实现自动换刀的转塔式刀架,加工零件前把需要使用的刀具安装在刀架上。在加工过程中,通过程序中的刀具功能指令调用相应的刀具。

指令格式:T×× ××

刀具功能指令(T 指令)的格式为 T 后面跟四位数字,其中前两位为刀具号,后两位为刀具补偿号,刀具补偿包括刀具长度补偿和刀尖圆角半径补偿。

例如:T0404 表示调用 4 号刀具,使用 4 号刀具补偿值。

T0400 表示调用 4 号刀具,取消其刀具补偿状态。

4.2.4　准备功能指令

1. 螺纹加工指令 G32

(1)指令格式与说明

指令格式:G32 X(U)＿ Z(W)＿ F ＿

说明:①X、Z 为螺纹切削终点坐标值,U、W 为螺纹切削终点相对于起点的坐标增量(如图 4.4 所示)。

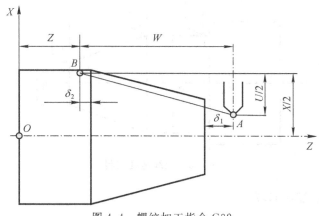

图 4.4　螺纹加工指令 G32

②F 为螺纹导程,单位为 mm/r。

注意事项:

①为消除伺服滞后造成的螺距误差,在起始和结束段应设置足够的升速进刀段 δ_1 和减速退刀段 δ_2,其值可按下式估算。

$$\delta_1 \geqslant nF/400, \quad \delta_2 \geqslant nF/1800$$

式中:n 为主轴转速,F 为螺纹导程。

②从螺纹粗加工到精加工,主轴转速必须保持一致。

③在螺纹加工中不使用恒线速度控制功能。

④螺纹加工时,由于进给速度较快,因此一般均需分多次切削,常用螺纹的切削进给次数和背吃刀量见表 4.1。

表 4.1　常用螺纹的切削进给次数和背吃刀量　　　　　　（单位:mm）

螺　距		1.0	1.5	2.0	2.5	3.0	3.5	4.0
牙　深		0.649	0.974	1.299	1.624	1.949	2.273	2.598
背吃刀量及切削次数	1 次	0.7	0.8	0.9	1.0	1.2	1.5	1.5
	2 次	0.4	0.6	0.6	0.7	0.7	0.7	0.8
	3 次	0.2	0.4	0.6	0.6	0.6	0.6	0.6
	4 次		0.15	0.4	0.4	0.4	0.6	0.6
	5 次			0.1	0.4	0.4	0.4	0.4
	6 次				0.15	0.4	0.4	0.4
	7 次					0.2	0.2	0.4
	8 次						0.15	0.3
	9 次							0.2

(2)编程实例

【例 4.1】　编写如图 4.5 所示螺纹的加工程序。

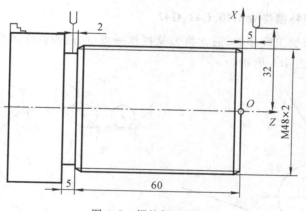

图 4.5　螺纹加工实例

取升速进刀段长度 $\delta_1 = 5$mm,减速退刀段长度 $\delta_2 = 2$mm。由表 4.1 可知,螺纹的牙深为 1.299mm,可计算出螺纹小径为 45.4mm。切削次数应为 5 次,每次的背吃刀量分别为

0.9、0.6、0.6、0.4、0.1。

程序编制如下:

```
O1001
N10 G50 X100 Z20 T0303;        设定工件坐标系
N20 G97 S200 M03;              设定主轴转速
N30 G00 X64 Z5;                快速移动到切削起点
N40 X47.1                      第 1 次切削,背吃刀量 0.9
N50 G32 Z－62 F2;              螺纹切削
N60 G00 X64;                   X 向退刀
N70 Z5;                        Z 向退刀
N80 X46.5                      第 2 次切削,背吃刀量 0.6
N90 G32 Z－62 F2;
N100 G00 X64;
N110 Z5;
N120 X45.9                     第 3 次切削,背吃刀量 0.6
N130 G32 Z－62 F2;
N140 G00 X64;
N150 Z5;
N160 X45.5                     第 4 次切削,背吃刀量 0.4
N170 G32 Z－62 F2;
N180 G00 X64;
N190 Z5;
N200 X45.4                     第 5 次切削,背吃刀量 0.1
N210 G32 Z－62 F2;
N220 G00 X64;
N230 Z5;
N240 X100 Z20 M05 T0300;
N250 M30;
```

2. 刀尖圆弧半径补偿指令 G40、G41、G42

在编制数控车床加工程序时,通常将刀具视作一点(此点被称作理想刀尖点),但实际上刀尖却存在圆角,如图 4.6 所示。

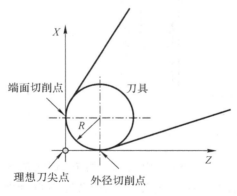

图 4.6 刀尖圆弧

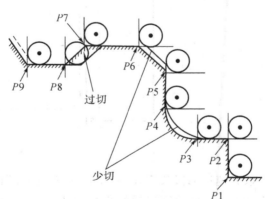

图 4.7 刀尖圆弧造成的少切和过切

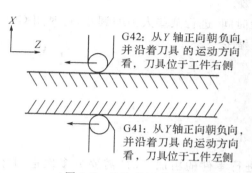

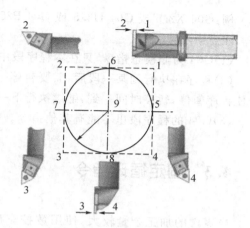

图 4.8　G41、G42 的判断　　　　　　　图 4.9　刀尖位置编码方法

如图 4.7 所示,按理想刀尖点编制的程序在加工与 X 轴或 Z 轴平行的轮廓或端面时,不会引起加工误差,但在加工锥面或圆弧面时将会产生少切或过切现象。具有刀尖圆弧半径自动补偿功能的数控机床能够根据刀尖圆弧半径、加工方向等信息,计算出补偿量,以避免刀尖圆弧引起的加工误差。刀尖圆弧半径补偿可通过 G41、G42、G40 代码实现,G41 为左补偿,G42 为右补偿,G40 为取消半径补偿。G41、G42 的具体判断方法如图 4.8 所示。

如果在程序中使用了半径补偿指令,则在加工零件前需要通过 CRT/MDI 方式将圆弧半径以及刀尖位置编码(编码方法如图 4.9 所示)输入数控系统的刀具偏置量设置表中,如图 4.10 所示。

OFFSET　　01　　　　　　O0002

N0010

NO.	X	Z	R	T
01	−235.214	−264.258	000.400	3
02	−312.564	−214.326	000.800	4
03	−232.540	−315.250	000.400	6
04	−290.314	−340.165	000.120	2

ACTUAL POSIOTION (RELATIVE)

U35.600　　　　　W-25.300

图 4.10　刀具偏置量设置表

3. 暂停指令 G04

$$G04 \begin{cases} P & (\text{整数,单位:ms}) \\ X(U) & (\text{可为小数,单位:s}) \end{cases}$$ G04 使刀具做无进给的短暂停留。用于车削环槽、平面、钻孔等光整加工。

指令格式:

例:G04 X2.5 或 G04 U2.5 或 G04 P2500 表示暂停(空转)时间为 2.5 秒。

注意事项:

(1)G04 为非模态指令,只在本程序段中有效。

(2)程序在执行到某一段后,需要暂停一段时间,进行某些人为的调整,这时用 G04 指令使程序暂停,暂停时间一到,继续执行下一段程序。

(3)G04 的程序段里不能有其他指令。

4.3　固定循环指令

当零件的加工余量较大,使用数控车床进行零件的粗加工时,需要分多次进刀才能完成。由于每次进刀可按"固定"的方式进行,所以相应的程序段中除了部分坐标值变化外,其余指令以一定的规律出现。为了减少程序段的数量,提高编程效率,车床数控系统一般都提供了固定循环指令。一条含有固定循环指令的程序段可以替代多条由基本指令组成的程序段。根据复合程度的不同,固定循环指令可分为单一型和复合型固定循环指令。

4.3.1　单一型固定循环指令

1. 内外径切削循环指令 G90

(1)指令格式与说明

指令格式:G90 X(U)＿ Z(W)＿ I ＿ F ＿

说明:

①X、Z 为切削终点坐标值,U、W 为切削终点相对于循环起点的坐标增量(如图 4.11、4.12 所示)。

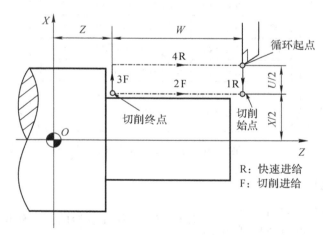

图 4.11　圆柱面切削循环 G90

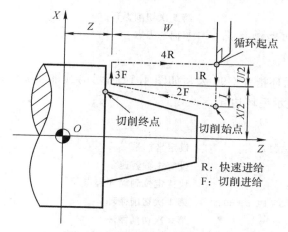

图 4.12　圆锥面切削循环 G90

②I 为圆锥面切削始点与终点的半径差。当加工圆柱面时,其值为零,不必写出。

③使用 G90 指令的一条程序段,相当于使用了 G00、G01、G01、G00 指令的四条程序段。

(2)编程实例

【例 4.2】　使用循环指令 G90 编写如图 4.13 所示的圆柱面加工程序,图中粗实线表示零件轮廓,双点画线表示毛坯边界。

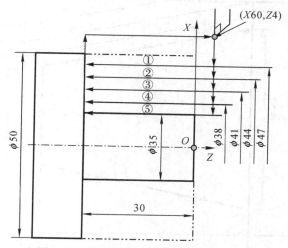

图 4.13　循环指令 G90 加工圆柱面实例

程序编制如下:

N10 G50 X100 Z50 T0101;	设定坐标系
N20 G97 S500 M03;	设定主轴转速
N30 G00 X60 Z4 M08;	快速定位到循环起点
N40 G98 G90 X47 Z－30 F80;	第 1 次切削循环
N50 X44;	第 2 次切削循环
N60 X41;	第 3 次切削循环
N70 X38;	第 4 次切削循环

N80 X35;　　　　　　　　　　　　第 5 次切削循环

N90 G00 X100 Z50 M05 M09 T0100;　　退回起刀点

N100 M30;

【例 4.3】　使用循环指令 G90 编写如图 4.14 所示的圆锥面加工程序,图中粗实线表示零件轮廓,双点画线表示毛坯边界。

程序编制如下:

N10 G50 X100 Z50 T0101;　　　　　　设定坐标系

N20 G97 S500 M03;　　　　　　　　　设定主轴转速

N30 G00 X70 Z2 M08;　　　　　　　　快速定位到循环起点

N40 G98 G90 X65 Z−37 I−5 F80;　　　第 1 次切削循环

N50 X60;　　　　　　　　　　　　　第 2 次切削循环

N60 X55;　　　　　　　　　　　　　第 3 次切削循环

N70 X50;　　　　　　　　　　　　　第 4 次切削循环

N90 G00 X100 Z50 M05 M09 T0100;　　退回起刀点

N100 M30;

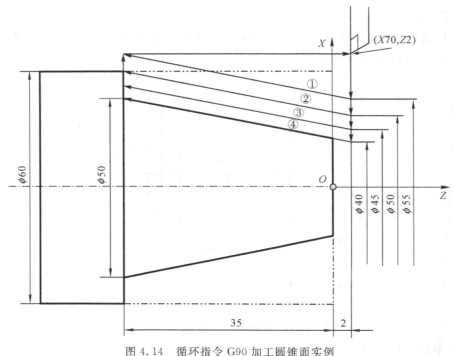

图 4.14　循环指令 G90 加工圆锥面实例

2. 端面切削循环指令 G94

(1)指令格式与说明

指令格式:G94 X(U)__ Z(W)__ K__ F__

说明:

①X、Z 为切削终点坐标值,U、W 为切削终点相对于循环起点的坐标增量(如图 4.15、4.16 所示)。

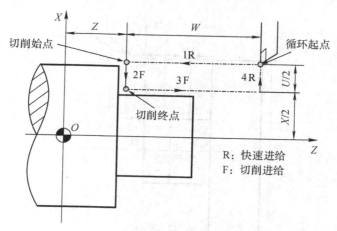

图 4.15　圆柱端面切削循环 G94

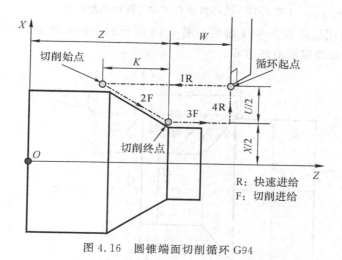

图 4.16　圆锥端面切削循环 G94

②K 为切削始点相对于终点沿 Z 向的增量。当加工圆柱端面时,其值为零,不必写出。

③使用 G94 指令的一条程序段,相当于使用了 G00、G01、G01、G00 指令的四条程序段。

（2）编程实例

【例 4.4】　使用循环指令 G94 编写如图 4.17 所示的圆柱端面加工程序,图中粗实线表示零件轮廓,双点画线表示毛坯边界。

程序编制如下:

```
N10 G50 X100 Z40 T0101;          设定工件坐标系
N20 G97 S400 M03;                设定主轴转速
N30 G00 X95 Z5 M08;              快速定位到循环起点
N40 G98 G94 X40 Z-5 F50;         第 1 次切削循环
N50 Z-10;                        第 2 次切削循环
N60 Z-15;                        第 3 次切削循环
N70 G00 X100 Z40 M05 M09 T0100;  退回到起刀点
N80 M30;
```

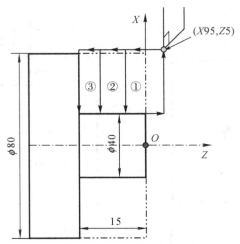

图 4.17　循环指令 G94 加工圆柱端面实例

【例 4.5】　使用循环指令 G94 编写如图 4.18 所示的圆锥端面加工程序,图中粗实线表示零件轮廓,双点画线表示毛坯边界。

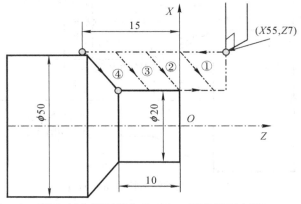

图 4.18　循环指令 G94 加工圆锥端面实例

程序编制如下:

N10 G50 X100 Z40 T0101;　　　　　　　设定工件坐标系

N20 G97 S500 M03;　　　　　　　　　　设定主轴转速

N30 G00 X55 Z7 M08;　　　　　　　　　快速定位到循环起点

N40 G98 G94 X20 Z5 K−5 F60;　　　　　第 1 次切削循环

N50 Z0;　　　　　　　　　　　　　　　第 2 次切削循环

N60 Z−5;　　　　　　　　　　　　　　第 3 次切削循环

N70 Z−10;　　　　　　　　　　　　　　第 4 次切削循环

N80 G00 X100 Z40 M05 M09 T0100;　　　退回到起刀点

N90 M30;

3. 螺纹切削循环指令 G92

(1)指令格式与说明

指令格式:G92 X(U)＿ Z(W)＿ I＿ F＿

说明：

①X、Z 为切削终点坐标值，U、W 为切削终点相对于循环起点的坐标增量（如图 4.19、4.20 所示）。

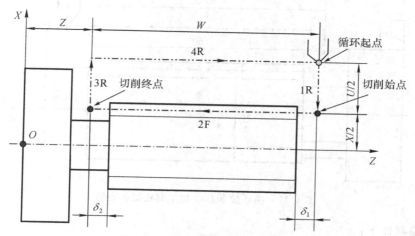

图 4.19 圆柱螺纹切削循环 G92

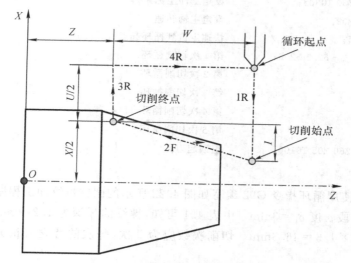

图 4.20 圆锥螺纹切削循环 G92

②I 为锥螺纹切削始点与终点的半径差。当加工圆柱螺纹时，其值为零，不必写出。

③F 为螺纹导程，单位为 mm/r。

④使用 G92 指令的一条程序段，相当于使用了 G00、G32、G00、G00 指令的四条程序段。

（2）编程实例

【例 4.6】 使用循环指令 G92 编写如图 4.21 所示的圆柱螺纹加工程序。

取升速进刀段长度 $\delta_1 = 5$mm，减速退刀段长度 $\delta_2 = 2.5$mm。由表 4.1 可知，螺纹的牙深为 1.299mm，可计算出螺纹小径为 33.4mm。切削次数应为 5 次，每次的背吃刀量分别为 0.9、0.6、0.6、0.4、0.1。

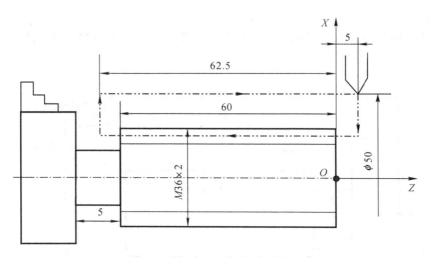

图 4.21　循环指令 G92 加工圆柱螺纹实例

程序编制如下：

N10 G50 X120 Z60 T0303；	设定工件坐标系
N20 G97 S200 M03；	设定主轴转速
N30 G00 X50 Z5；	快速定位到循环起点
N40 G92 X35.1 Z－62.5 F2.0；	第 1 次切削循环
N50 X34.5；	第 2 次切削循环
N60 X33.9；	第 3 次切削循环
N70 X33.5	第 4 次切削循环
N80 X33.4；	第 5 次切削循环
N90 G00 X120 Z60 M05 T0100；	退回起刀点
N100 M30；	

【例 4.7】　使用循环指令 G92 编写如图 4.22 所示的圆锥螺纹加工程序。

取升速进刀段长度 $\delta_1 = 3mm$。由表 4.1 可知，螺纹的牙深为 1.299mm，可计算出螺纹小径为 $49.4 - 2 \times 1.3 = 46.8mm$。切削次数应为 5 次，每次的背吃刀量分别为 0.9、0.6、0.6、0.4、0.1。

程序编制如下：

N10 G50 X120 Z100 T0303；	设定工件坐标系
N20 G97 S200 M03；	设定主轴转速
N30 G00 X80 Z63；	快速定位到循环起点
N40 G92 X48.5 Z13 I－5 F2.0；	第 1 次切削循环
N50 X47.9；	第 2 次切削循环
N60 X47.3；	第 3 次切削循环
N70 X46.9	第 4 次切削循环
N80 X46.8；	第 5 次切削循环
N90 G00 X120 Z100 M05 T0100；	退回起刀点
N100 M30；	

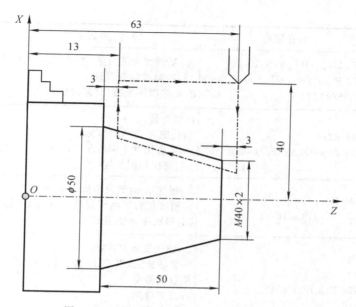

图 4.22 循环指令 G92 加工圆锥螺纹实例

4.3.2 复合型固定循环指令(G70~G76)

与使用基本指令相比,使用单一型固定循环指令编写数控程序,已经大大减少了程序段数量。但如果在粗加工阶段切削次数较多时,一些程序段明显会有规律地重复出现。为此,车床数控系统提供了复合型固定循环指令。使用此类指令,只要给出精加工的程序段(此程序段定义了零件的轮廓形状和尺寸)和必要的切削参数,数控机床即可完成从粗加工到精加工的全过程,使程序编写进一步简化。FANUC 系统中复合型固定循环指令的格式及用途见表 4.2。表中"参数含义"一栏只对新出现的参数作出解释,前面已经解释过的参数不再重复。

表 4.2 FANUC 系统中复合型固定循环指令

序 号	指 令	编程格式	参数含义	用 途
1	G70	G70 P(ns)Q(nf)	ns:精加工程序中第一个程序段序号 nf:精加工程序中最后一个程序段序号	精加工
2	G71	G71 U(Δd)R(e) G71 P(ns)Q(nf)U(Δu)W(Δw) F(f)S(s)T(t)	Δd:背吃刀量(半径值,模态) e:退刀量(半径值,模态)	内外径粗车
3	G72	G72 U(Δd)R(e) G72 P(ns)Q(nf)U(Δu)W(Δw) F(f)S(s)T(t)	Δu:X 轴方向精加工余量(直径值) Δw:Z 轴方向精加工余量 f、s、t 为进给速度、主轴转速和刀具号	端面粗车

续表

序　号	指　令	编程格式	参数含义	用　途
4	G73	G73 U(Δi)W(Δk)R(d) G73 P(ns)Q(nf)U(Δu)W(Δw) F(f)S(s)T(t)	Δi:X 轴方向退刀量(半径值,模态) Δk:Z 轴方向退刀量 d:粗车循环次数(分割次数)	成形毛 坯粗车
5	G74	G74 R(e) G74 Z(w)Q(Δk)F(f)	e:退刀量 Z:孔底 Z 向绝对坐标 w:孔底相对于循环起点的 Z 坐标增量 Δk:每次钻削长度(无符号)	深孔钻削
6	G75	G75 R(e) G75 X(u)P(Δi)F(f)	X:槽底 X 向绝对坐标 u:槽底相对于循环起点的 X 坐标增量 Δi:每次循环切削量	深槽切削
7	G76	G76 P(m)(r)(α)Q(Δdmin) R(d) G76 X(U)Z(W)R(i)P(k) Q(Δd)F(f)	m:精加工重复次数 r:退尾长度,以 0.1f 为一挡,用 00~99 两位数值指定 α:刀尖角度 Δdmin:最小切入量 d:精加工余量 i:螺纹部分半径差 k:第一次的切入量(半径值) f:螺纹导程	螺纹车削

1. 精加工循环指令 G70

在使用 G71、G72、G73 指令完成粗加工后,可以使用 G70 指令完成最后的精加工。其指令格式见表 4.2。

2. 内外径切削循环指令 G71

G71 指令适用于圆柱形毛坯的内外轮廓粗加工。加工过程中的走刀路径如图 4.23 所示。图中 A 为毛坯外径与轮廓端面的交点,B 为精加工路线的终点,A′ 为精加工路线起点,

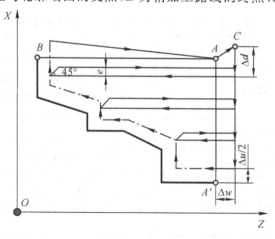

图 4.23　G71 指令走刀路径

C 为粗车循环起点。在程序中给出 $A \rightarrow A' \rightarrow B$ 的精加工形状，背吃刀量 Δd，X、Z 方向的加工余量 $\Delta u/2$ 和 Δw，即可生成平行于 Z 轴的多次切削刀具路径。

注意事项：

（1）使用 G71 进行粗加工循环时，只有含在 G71 程序段中的 F、S、T 功能才有效，而在 ns→nf 程序段中的 F、S、T 功能，即使被指定对粗车循环也无效。

（2）$A \rightarrow B$ 之间零件轮廓形状必须符合 X 轴、Z 轴共同单调增大或减小的模式。

（3）在顺序号 ns 程序段中，可含有 G00 或 G01 指令，但不能含有 Z 轴运动指令。

（4）在顺序号 ns 到 nf 程序段中，不能调用子程序。

（5）可以进行刀具补偿。

【例 4.8】　使用复合型固定循环指令 G71、G70，编制如图 4.24 所示零件的加工程序。

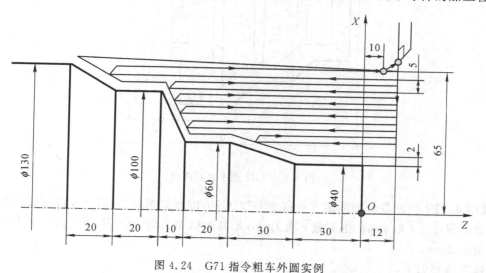

图 4.24　G71 指令粗车外圆实例

切削深度 Δd 取 5mm，退刀量 e 取 1mm，X 方向精加工余量（单边）取 2mm，Z 方向精加工余量取 2mm。

程序编制如下：

N10 G50 X200 Z50 T0101;	设定工件坐标系
N20 G97 S300 M03;	设定主轴转速
N30 G00 X130 Z10;	快速定位到循环起点
N40 G71 U5.0 R1.0;	使用复合循环指令 G71
N50 G71 P60 Q120 U4.0 W2.0 F40;	
N60 G00 X40;	精加工程序首行程序段，不能含有 Z 轴运动指令
N70 G01 Z−30 F20 S500;	
N80 X60 W−30;	
N90 W−20;	
N100 X100 W−10;	
N110 W−20;	
N120 X130 W−20;	精加工程序结束程序段
N130 G70 P60 Q120;	使用 G70 指令完成精加工

```
N140 G00 X200 Z50 M05 T0100;        退回起刀点
N150 M30;
```

3. 端面切削循环指令 G72

G72 指令适用于圆柱形毛坯的端面粗加工。加工过程中的走刀路径如图 4.25 所示。当给定 $A \rightarrow A' \rightarrow B$ 的精加工形状及相关参数后,系统可自动生成平行于 X 轴的多次切削刀具路径。相关参数的含义以及使用中的注意事项与 G71 相同。

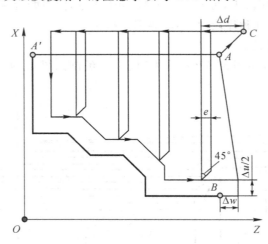

图 4.25   G72 指令走刀路径

【例 4.9】   使用复合型固定循环指令 G72、G70,编制如图 4.26 所示零件的加工程序。

切削深度 $\triangle d$ 取 1mm,退刀量 e 取 1mm,X 方向精加工余量(单边)取 2mm,Z 方向精加工余量取 2mm。

程序编制如下:

```
N10 G50 X260 Z190 T0101;        设定工件坐标系
N20 G97 S260 M03;               设定主轴转速
N30 G00 X176 Z132;              快速定位到循环起点
N40 G72 U5.0 R1.0;              使用复合循环指令 G72
N50 G72 P60 Q110 U4.0 W2.0 F50; 
N60 G00 Z56;                    精加工程序首行程序段,不能含有 X 轴运动指令
N70 G01 X120 W14 F20 S400;
N80 W10;
N90 X80 W10;
N100 W20;
N110 X36 W22;                   精加工程序结束程序段
N120 G70 P60 Q110;              使用 G70 指令完成精加工
N130 G00 X260 Z190 M05 T0100;   退回起刀点
N140 M30;
```

4. 封闭切削循环指令 G73

如图 4.27 所示,封闭切削循环是生成与零件轮廓曲线等距的走刀路径,而非与 X 轴或

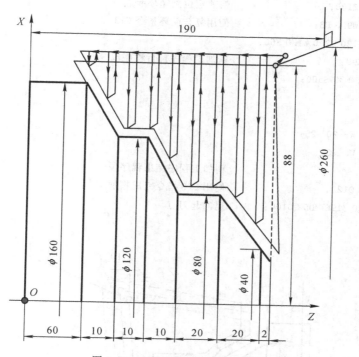

图 4.26 G72 指令粗车端面实例

Z 轴平行的走刀路径。这种循环方式适合于采用锻造、铸造等方式制成的、已初步成形的毛坯件切削加工。与棒料毛坯相比，这类毛坯的切削余量比较均匀，采用等距式走刀路径能获得较高的切削效率。

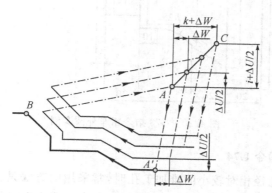

图 4.27 G73 指令走刀路径

【例 4.10】 使用复合型固定循环指令 G73、G70，编制如图 4.28 所示零件的加工程序。X、Z 轴上的总退刀量均为 10mm。

取粗车循环次数为 3 次，X 方向精加工余量（单边）1mm，Z 方向精加工余量 1mm。

程序编制如下：

```
N10 G50 X220 Z190 T0101;        设定工件坐标系
N20 G97 S300 M03;               设定主轴转速
```

N30 G00 X200 Z180；　　　　　　　　快速定位到循环起点

N40 G73 U9.0 W9.0 R3；　　　　　　使用复合循环指令 G73

N50 G73 P60 Q120 U2.0 W1.0 F60；

N60 G00 X35 Z90；　　　　　　　　精加工程序首行程序段

N70 G01 W－20 F30 S500；

N80 X50；

N90 W－10；

N100 G02 X70 W－20 R25；

N110 G01 X95 W－20；

N120 X120　　　　　　　　　　　　精加工程序结束程序段

N130 G70 P60 Q120；　　　　　　　使用 G70 指令完成精加工

N140 G00 X220 Z190 M05 T0100；　　退回起刀点

N150 M30；

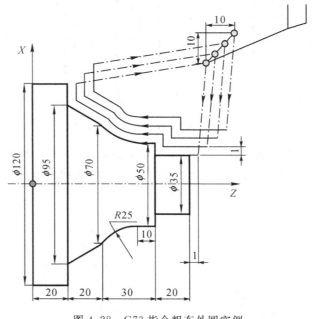

图 4.28　G73 指令粗车外圆实例

5. 深孔钻削循环指令 G74

加工深度较大且孔径相对较小的难加工孔时，常采用的方法是钻头每钻一定深度就退出一定距离，以强制断屑或者方便排屑。这种加工方式也被称作"啄钻"。采用 G74 指令进行钻孔循环，就能很方便地实现上述目标，其走刀路径如图 4.29 所示。

【例 4.11】 当每次钻削长度 Δk 取 15mm，退刀量 e 取 5mm 时，加工图 4.29 所示孔的程序如下：

N10 G50 X200 Z50 T0101；　　　　　设定工件坐标系

N20 G97 S300 M03；　　　　　　　设定主轴转速

N30 G00 X0 Z5 M08；　　　　　　快速定位到循环起点

N40 G74 R5.0；　　　　　　　　使用复合循环指令 G74

N50 G74 Z－100 Q15 F30;

N60 G00 X200 Z50 M05 M09 T0100;　　　退回起刀点

N70 M30;

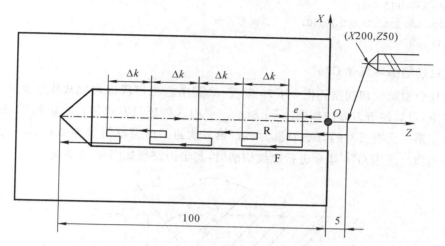

图 4.29 G74 指令走刀路径

6. 切槽循环指令 G75

当加工深度较大的槽或切断工件时,常使刀具切入一定深度就退出一定距离,以强制断屑或者方便排屑。采用 G75 指令进行切槽循环,就能很方便地实现上述目标,其走刀路径如图 4.30 所示。

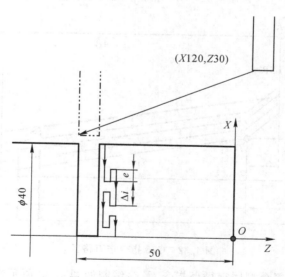

图 4.30 G75 指令走刀路径

【例 4.12】 当每次切削长度 Δi 取 10mm,退刀量 e 取 5mm 时,切断图 4.30 所示工件的程序如下:

N10 G50 X120 Z30 T0303;　　　　设定工件坐标系

```
N20 G97 S400 M03;              设定主轴转速
N30 G00 X45 Z－50 M08;          快速定位到循环起点
N40 G75 R5.0;                  使用复合循环指令 G75
N50 G75 X－1 P10 F30;
N60 G00 X120 Z30 M05 M09 T0300;  退回起刀点
N70 M30;
```

7. 螺纹切削循环指令 G76

使用复合型螺纹切削循环指令 G76 编程,只要两行程序段即可完成螺纹的粗精加工。加工过程中,刀具的进刀方法如图 4.31 所示。使用这种进刀方式进行单边切削,减少了刀尖的受力。第一次进刀时的背吃刀量为 Δd,第 n 次进刀时背吃刀量为 $\Delta d\left(\sqrt{n}-\sqrt{n-1}\right)$,此值逐步递减。使用 G76 指令进行螺纹切削时,其走刀路径如图 4.32 所示。

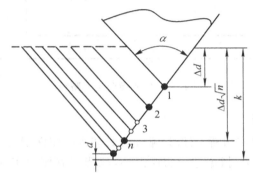

图 4.31   G76 循环指令的进刀方法

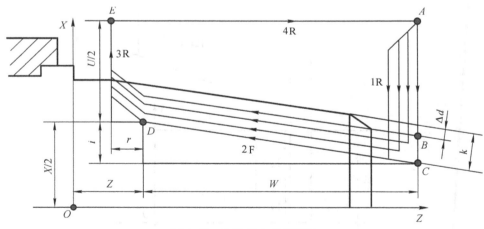

图 4.32   G76 指令走刀路径

【例 4.13】 使用复合型固定循环指令 G76,编制如图 4.33 所示螺纹的加工程序。程序编制如下:

```
N10 G50 X180 Z210 T0303;       设定工件坐标系
N20 G97 S200 M03;              设定主轴转速
N30 G00 X150 Z160 M08;         快速定位到循环起点
```

N40 G76 P021260 Q0.1 R0.2；　　　使用复合循环指令 G76
N50 G76 X50.8 Z25 P2.6 Q0.75 F4.0；
N60 G00 X180 Z210 M05 M09 T0300；　退回起刀点
N70 M30；

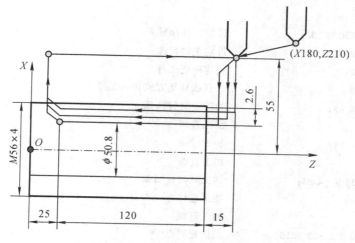

图 4.33　G76 指令加工螺纹实例

4.4　手工编程综合实例

1. 基本指令应用实例

零件图样如图 4.34 所示，材料为 45♯ 钢，加工余量 1mm。零件表面粗糙度为 $Ra3.2$。使用基本指令编写该零件的精加工程序。

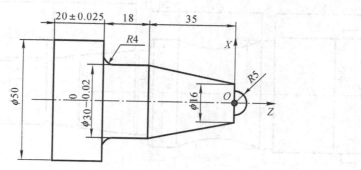

图 4.34　基本指令应用实例

（1）零件图样分析

该零件表面主要包括圆柱面、圆锥面、圆弧面，X 方向尺寸单调变化，可采用合适的刀具一次车出。对于尺寸 20 ± 0.025 和 $\phi30_{-0.02}^{0}$，在编程时取其中间值 20 和 29.99。

（2）刀具选择

根据图样分析结果可知，选用 93°外圆车刀可一次车出所有表面。

（3）切削用量选择

主轴转速 600r/min，进给速度为 30mm/min，背吃刀量 1mm。

（4）编制程序

N10 G50 X150 Z50 T0101;	设定工件坐标系
N20 G97 S600 M03;	设定主轴转速
N30 G00 X0 Z10;	快速接近工件
N40 G01 Z5 F30;	以直线移动方式切入工件
N50 G03 X10 Z0 R5;	加工逆时针圆弧
N60 G01 X16;	加工直线
N70 X29.99 Z−35;	加工直线
N80 W−14;	加工直线
N90 G02 X37.99 W−4 R4;	加工顺时针圆弧
N100 G01 X50;	加工直线
N110 W−20;	加工直线
N120 G00 X150 Z50 M05 T0100;	退回起刀点
N130 M30;	

2. 循环指令应用实例

零件图样如图 4.35 所示，材料为 45♯钢，毛坯尺寸为 φ85×300，φ85 外圆不加工，零件表面粗糙度为 Ra3.2。

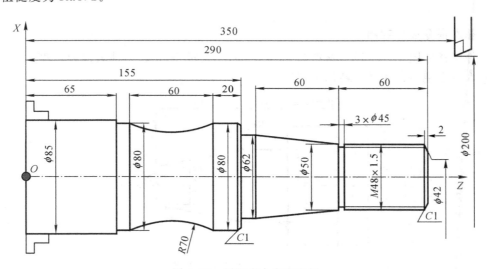

图 4.35　循环指令应用实例

（1）零件图样分析

该零件的加工表面主要由外圆柱面、圆锥面、圆弧面及外螺纹等组成，加工形状较复杂。零件形状描述清晰完整，尺寸标注合理，符合数控加工尺寸标注要求，切削加工性能较好，适合采用数控车床加工。

（2）加工工艺分析

使用三爪自定心卡盘夹紧，先用端面车刀车右端面，然后从右向左车外圆，先粗车再精车，并切出退刀槽，最后加工螺纹。车外圆时，首先使用 G71、G70 指令对不含 R70 圆弧部分进行粗、精加工，然后使用 G73、G70 指令对圆弧部分进行粗、精加工。加工 R70 圆弧面时的走刀方式如图 4.36 所示，A 点坐标为（X87.744，Z65），B 点坐标为（X87.744，Z140），C 点坐标为（X150，Z105）。

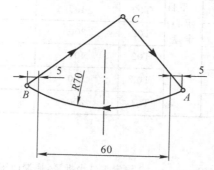

图 4.36　加工圆弧面时的走刀方式

（3）选择刀具

所选刀具如表 4.3 所示。

表 4.3　数控加工刀具卡

序　号	刀具号	刀具名称及规格	加工表面	数　量	补偿号
1	T01	45°硬质合金端面车刀	右端面	1	01
2	T02	93°右偏刀	外圆	1	02
3	T03	3mm 宽切槽刀	退刀槽	1	03
4	T04	外螺纹车刀	外螺纹	1	04

（4）确定切削用量

根据被加工零件表面质量要求、工件材料和刀具材料，参考切削用量手册来确定切削速度、进给量、背吃刀量等参数。

（5）拟定工序卡片

综合上述各项内容，编写如表 4.4 所示的数控加工工序卡片。

表 4.4　数控加工工序卡

序号	工步内容	夹具	刀具号	主轴转速(r/min)	进给速度(mm/min)	背吃刀量(mm)
1	粗车端面		T01	400	80	2
2	精车端面		T01	600	40	0.5
3	粗车外圆(不含 $R70$ 圆弧)		T02	300	50	2
4	精车外圆(不含 $R70$ 圆弧)	三爪自定心卡盘	T02	400	30	0.5
5	粗车 $R70$ 圆弧面		T02	300	50	2
6	精车 $R70$ 圆弧面		T02	400	30	0.5
7	切退刀槽		T03	300	30	
8	车螺纹		T04	200		0.8,0.6,0.4,0.15

(6)编写加工程序

N010 G50 X200.0 Z350.0 T0101;	设定工件坐标系,换端面车刀
N020 G97 S400 M03;	设定端面粗加工时的主轴转速
N030 G00 X90 Z320 M08;	定位到端面粗加工的循环起点
N040 G72 U2.0 R0.5;	使用 G72 指令粗车端面
N050 G72 P060 Q070 U0 W0.5 F80;	
N060 G00 Z290;	端面精加工程序段 ns
N070 G01 X－1 F40 S600;	端面精加工程序段 nf
N080 G70 P060 Q070;	使用 G70 指令精车端面
N090 G00 X200 Z350 T0100;	退回起刀点
N100 T0202;	换外圆车刀
N110 S300 M03;	设定外圆粗车时的主轴转速
N120 G00 X85 Z292;	快速定位到外圆粗车循环起点
N130 G71 U2.0 R0.5;	使用 G71 指令粗车外圆
N140 G71 P150 Q240 U1.0 W0.5 F50;	
N150 G00 X42;	外圆精加工程序段 ns
N160 G01 X48 Z289 F30 S400;	
N170 Z230;	
N180 X50;	
N190 X62 W－60;	
N200 Z155;	
N210 X78;	
N220 X80 W－1;	

N230 Z65；

N240 X85；　　　　　　　　　　　　　外圆精加工程序段 nf

N250 G70 P150 Q240；　　　　　　　　使用 G70 指令精车外圆

N260 G00 X200 Z350；

N270 G00 X150 Z105；　　　　　　　　快速定位到粗车圆弧 R70 的循环起点

N280 G73 U8 W0 R3；　　　　　　　　 使用 G73 粗车圆弧面 R70

N290　G73　P300　Q310　U1.0　W0
F50 S300；

N300 G00 X84.744 Z140；　　　　　　 圆弧 R70 精加工程序段 ns

N310 G02 X84.744 Z70 R70 F30 S400；　圆弧 R70 精加工程序段 nf

N320 G70 P300 Q310；

N330 G00 X200 Z350 T0200；

N340 T0303；　　　　　　　　　　　 换切槽刀

N350 S300 M03；　　　　　　　　　　设定切槽主轴转速

N360 G00 X51 Z230；

N370 G01 X45.0 F30；

N380 G04 X5.0；　　　　　　　　　　在槽底暂停 5 秒

N390 G00 X51；

N400 X200.0 Z350.0 T0300；

N410 T0404；　　　　　　　　　　　 换螺纹车刀

N420 S200 M03；　　　　　　　　　　设定切削螺纹时的主轴转速

N430 G00 X62.0 Z296.0 M08；

N440 G92 X47.2 Z231.5 F1.5；　　　　使用 G92 指令切削螺纹,第 1 次循环

N450 X46.6；　　　　　　　　　　　 第 2 次循环

N460 X46.2；　　　　　　　　　　　 第 3 次循环

N470 X46.05；　　　　　　　　　　　第 4 次循环

N480 G00 X200.0 Z350.0 T0400 M09；

N490 M05；

N500 M30；

4.5　基于 MasterCAM 的程序编制

4.5.1　MasterCAM 简介

　　MasterCAM 是美国 CNC Software Inc. 公司推出的一款计算机辅助设计制造软件。它不但具有强大稳定的造型功能，可设计出复杂的曲线、曲面零件，而且具有强大的曲面粗加工及灵活的曲面精加工功能，能够用于 CNC 铣床、车床或线切割机床程序的生成。其可靠的刀具路径校验功能可模拟零件加工的全过程，模拟中不但能显示刀具和夹具，还能检查出刀具和夹具与被加工零件的干涉、碰撞情况，真实反映加工过程中的实际情况。目前 MasterCAM 软件已被广泛应用于通用机械、航空、船舶、军工等行业的设计与 NC 加工。从 20 世纪 80 年代末起，我国就引进了这款著名的 CAD/CAM 软件，为我国的制造业迅速崛起作出了巨大贡献。MasterCAM X3 的工作界面如图 4.37 所示。该界面主要由标题栏、菜单栏、工具栏、图形区域、操作管理器和状态栏等组成。

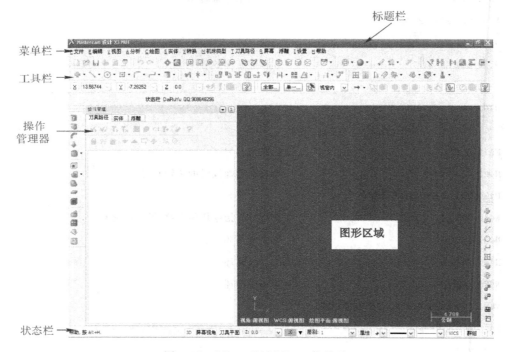

图 4.37　MasterCAM X3 工作界面

4.5.2　编程步骤

　　应用 MasterCAM 编写数控车床加工程序可按如下步骤进行：

（1）绘制用来定义被加工零件表面的轮廓线。

（2）选择机床类型为车床（Lathe）。

（3）设定工件坐标系。

（4）定义毛坯（Stock）形状与尺寸。

（5）生成刀具路径（粗加工、精加工、切槽、车螺纹等）。

（6）选择刀具类型、设置相关参数。

（7）设置与走刀路径相关的参数并计算刀具路径。

（8）切削模拟。

（9）后置处理，生成数控加工程序。

4.5.3　编程实例

本节结合两个实例（一个轴类零件和一个套类零件）来介绍应用 MasterCAM 软件进行数控车床加工程序编制的方法。

1. 轴类零件编程实例

应用 MasterCAM 软件编写如图 4.38 所示零件的数控加工程序，材料为 45♯钢，毛坯尺寸为 $\phi 50 \times 115$。

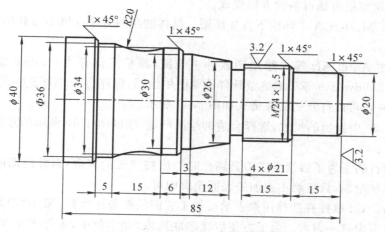

图 4.38　典型轴类零件编程实例

（1）工艺分析

根据对零件图样的分析，加工零件所选刀具如表 4.5 所示，编写的数控加工工序卡如表 4.6 所示。

表 4.5　数控加工刀具卡

序　号	刀具号	刀具名称及规格	加工表面	数　量	补偿号
1	T01	45°硬质合金端面车刀	右端面	1	01
2	T02	93°右偏刀	外圆	1	02

续表

序　号	刀具号	刀具名称及规格	加工表面	数　量	补偿号
3	T03	4mm 宽切槽刀	退刀槽	1	03
4	T04	外螺纹车刀	外螺纹	1	04

表 4.6　数控加工工序卡

序号	工步内容	夹具	刀具号	主轴转速(r/min)	进给速度(mm/min)	背吃刀量(mm)
1	粗车端面		T01	600	100	2
2	精车端面		T01	800	60	0.5
3	粗车外圆(不含 R20 圆弧)	三爪自定心卡盘	T02	500	80	2
4	粗车 R20 圆弧面		T02	500	80	2
5	精车外圆		T02	800	40	0.5
6	切退刀槽		T03	300	30	
7	车螺纹		T04	200		

（2）绘制零件轮廓线

绘制零件轮廓线可通过两种方法完成。

方法一：在 MasterCAM 环境下直接绘图。具体的绘图方法这里不做介绍，读者可参考相关书籍。

方法二：在 AutoCAD 等二维绘图软件中绘图，将格式保存为 ＊.dwg 或 ＊.dxf。在 UGII、Pro/E、Solidworks 等三维造型软件的草图中绘图，保存为 ＊.IGES 格式。

MasterCAM 可以打开的文件格式如图 4.39 所示。

根据图 4.38 中给出的尺寸，选择合适的绘图环境，绘制图 4.40 所示的零件轮廓线。

注意事项：

①绘图的目的是为了后续生成刀具路径时指出被加工的表面，因此绘图时不必完全按照零件图的形状绘制，只需绘出被加工表面轮廓即可。

②MasterCAM 软件在选择用来表示被加工表面的多条线段时，采用"串联选择"方式，在绘图时需要考虑这一因素。为了方便后续串联选取，在本例中，零件图 4.38 中直径方向的竖直线段不必画出。而且在区域 P 处，退刀槽左侧的竖直线段，应分为 P1 和 P2 两段画出。

（3）设定工件坐标系

按键盘上的【F9】键，图形区域会出现如图 4.41 所示两条棕色的直线，其交点即为当前工件坐标原点位置。可按下述方法将工件原点位置设在工件右端面：

点击【转换】工具栏上的 　　或菜单【转换】→【平移】，然后在图形区域用"画矩形框的方式"选择所有线段（如图 4.42 所示），按回车键确认。在弹出的【平移】对话框中（如图 4.43 所示），在对话框顶部选择【移动】，然后采用【从一点到另一点】的平移方式，点击　　，在图形区域选择零件右端面中心点（如图 4.40 中 D 点），再点击　　，在【自动抓点】工具栏的坐标输入区域 X、Y、Z 处 X 0.0 　 Y 0.0 　 Z 0 　 都输入 0，然后回车确认。平移完成

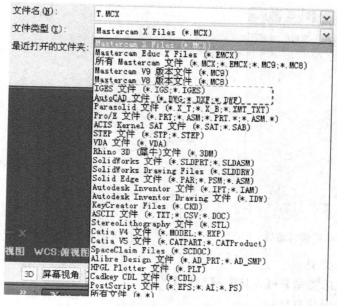

图 4.39 MasterCAM 可打开的文件格式

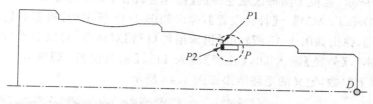

图 4.40 零件轮廓线

后的结果如图 4.44 所示。此时，工件坐标原点已经设在工件右端面。

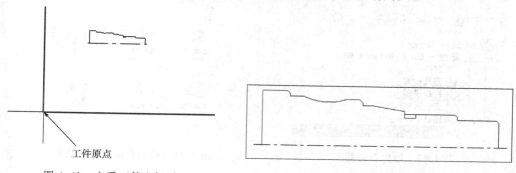

图 4.41 查看工件坐标系

图 4.42 选取所有线段

图 4.43　平移对话框

图 4.44　完成平移后的图形

（4）选择机床类型

点击菜单【机床类型】→【车床】→【默认】。

（5）定义毛坯形状与尺寸

如图 4.45 所示，在位于图形区域左侧的【操作管理器】中，点击【Machine Group－1】→【属性－Lathe Default MM】→【材料设置】，弹出如图 4.46 所示的【机器群组属性】对话框，点击【信息内容】，弹出如图 4.47 所示的【机床组件材料】对话框，对以下参数进行设置：【图形】选择"圆柱体"，【外径】输入 50，【长度】输入 115，【轴向位置：Z】输入－110，【轴】选择【＋Z】。根据以上参数，定义的毛坯结果如图 4.48 所示。

图 4.45　操作管理器

图 4.46　机器群组属性对话框

（6）生成刀具路径

由表 4.6 可知，加工该零件需要完成以下工序：粗车端面、精车端面、粗车外圆（不含 R20 圆弧）、粗车 R20 圆弧面、精车外圆、切退刀槽、车螺纹，下面分别描述完成上述加工工序的刀具路径生成方法。

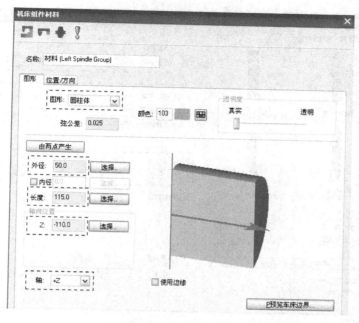

图 4.47　毛坯设置对话框

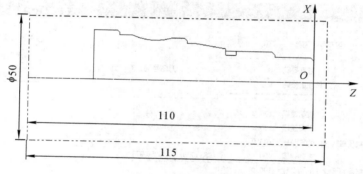

图 4.48　毛坯设置结果

①粗车端面

在菜单栏中点击【刀具路径】→【车端面】,弹出如图 4.49 所示的【车端面属性】对话框,选择【刀具路径参数】选项卡,选择 T0707 刀具。双击此刀具,或点右键在弹出的菜单中选择【编辑刀具】,弹出如图 4.50 所示的【定义刀具】对话框,选择【参数】选项卡,设置相关参数如图所示,点击 ✓ 确定。

在【车端面属性】对话框中选择【车端面参数】选项卡,参数设置如图 4.51 所示。

生成的刀具路径如图 4.52 所示。

②精车端面

在菜单栏中点击【刀具路径】→【车端面】,在弹出的如图 4.53【车端面属性】对话框中选择【刀具路径参数】选项卡,选择 T0101 刀具,并在其中输入图中设置的相关参数。

注:不要在【定义刀具】→【刀具参数】选项卡中设置切削参数!

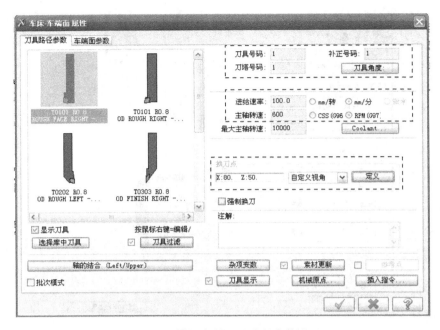

图 4.49　端面车削刀具路径参数设置

图 4.50　设置切削参数

在【车端面属性】对话框中选择【车端面参数】选项卡,参数设置如图 4.54 所示。生成的刀具路径如图 4.55 所示。

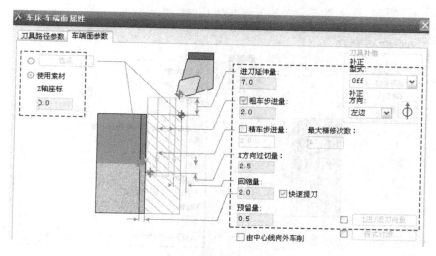

图 4.51　车端面参数设置

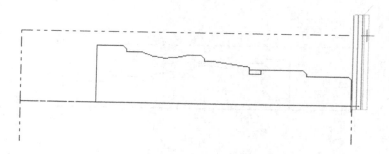

图 4.52　端面粗加工刀具路径

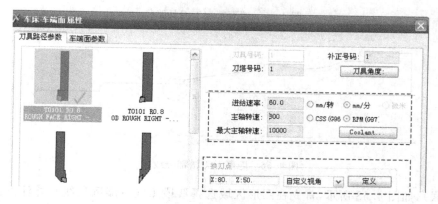

图 4.53　精车端面刀具路径参数设置

③粗车外圆(不含 R20 圆弧)

在菜单栏点击【屏幕】→【B 隐藏图素】,在图形区域选择如图 4.56 所示的三条线段(退刀槽部分),回车确认。

在菜单栏点击【刀具路径】→【粗车】,弹出如图 4.57 所示的串联选择对话框。点击

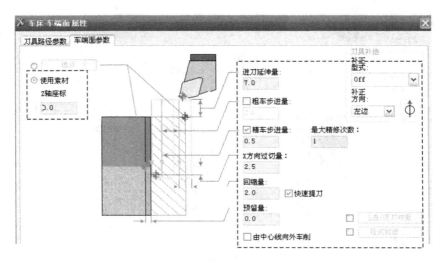

图 4.54　精车端面参数设置

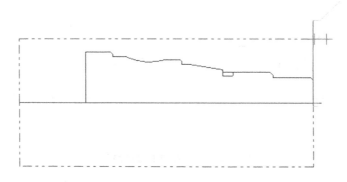

图 4.55　端面精加工刀具路径

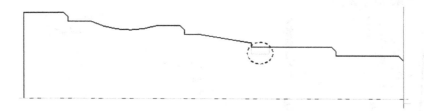

图 4.56　隐藏退刀槽部分线段

（局部串联），如图 4.58 所示，首先在图形区域选择线段 L1（右端倒角线），并注意箭头的指向，如果箭头指向右下方，则点击 ✂ 反向，使箭头指向左上方；然后再选择 L2，完成串联选择。

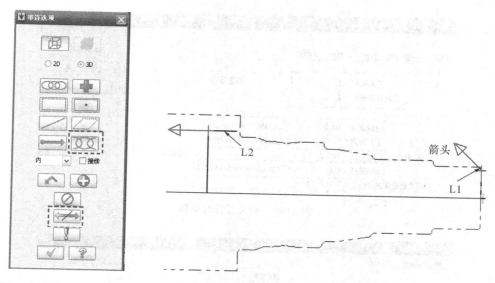

图 4.57 串联选择对话框

图 4.58 串联选取

注:由于串联的方向决定切削进给方向,故串联选取轮廓线时要注意箭头方向。

如图 4.59 所示,在弹出的【车床粗加工属性】对话框的【刀具路径参数】选项卡上,选择【OD Finish Right】刀具,双击此刀具,或者点右键,在弹出的菜单中选择【编辑刀具】,弹出如图 4.60 所示【定义刀具】对话框,设置相关参数如图所示,点击 ✔ 确定。

在【车床粗加工属性】对话框中选择【粗车参数】选项卡,参数设置如图 4.61 所示。

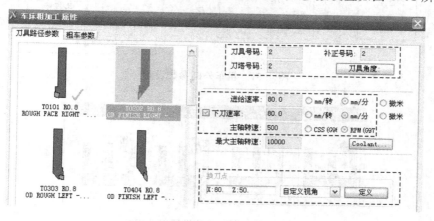

图 4.59 车床粗加工属性对话框

点击【进刀参数】按钮,弹出如图 4.62 所示对话框,选择第 1 个选项。

相关参数设置完成后,点 ✔ 确定,生成的外圆粗车刀具路径如图 4.63 所示。

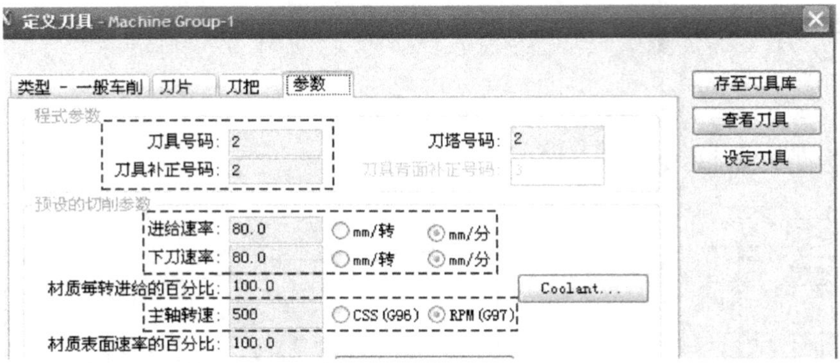

图 4.60 定义刀具对话框

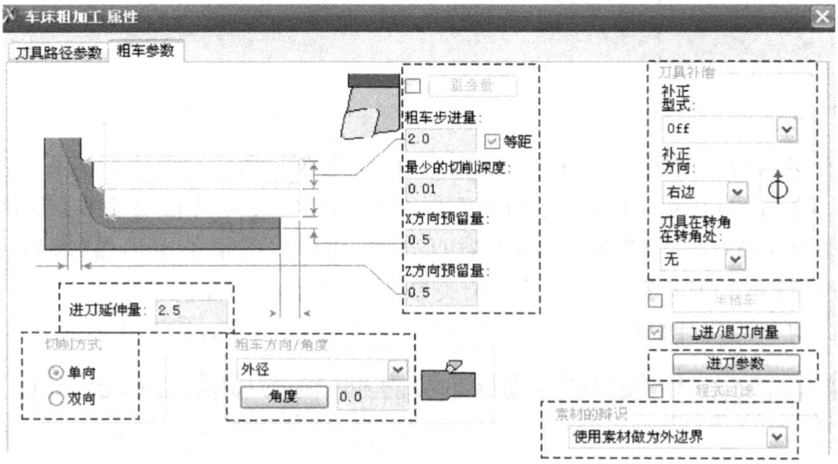

图 4.61 粗车外圆参数设置

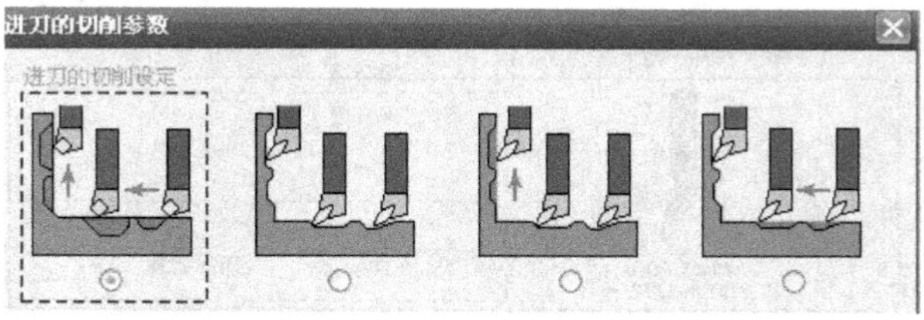

图 4.62 进刀参数设置对话框

④粗车 $R20$ 圆弧面

在菜单栏点击【刀具路径】→【精车】，弹出如图 4.64 所示的【串联选项】对话框，选择 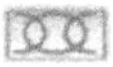，在图形区域选择“$R20$ 圆弧”，并使箭头方向指向左边。

在弹出的如图 4.65 所示【车床精车属性】对话框中选择 T0202 刀具，设置参数如图所示。

在【车床精车属性】对话框中选择【精车参数】选项卡，参数设置如图 4.66 所示。点击【进/退刀向量】，在弹出的如图 4.67 所示对话框【引入】选项卡上设置相关参数。

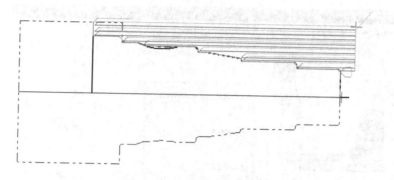

图 4.63　粗车外圆刀具路径

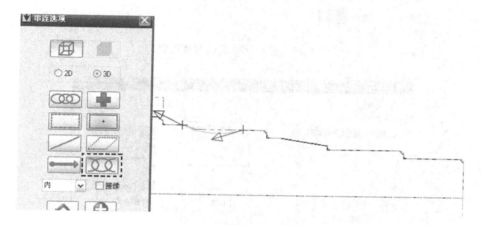

图 4.64　串联选择

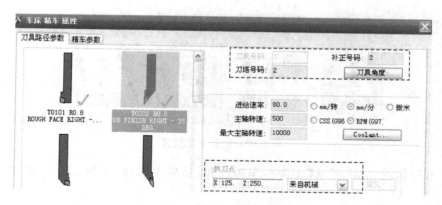

图 4.65　车床精车属性对话框

点击【进刀参数】，在弹出的如图 4.68 所示对话框中，选择第 3 个选项。

相关参数设置完成后，点 ☑ 确定，生成的 $R20$ 圆弧粗车刀具路径如图 4.69 所示。

⑤精车外圆

在菜单栏点击【刀具路径】→【精车】，弹出如图 4.70 所示的【串联选项】对话框，选择 ⊙⊙⊙ ，在图形区域选择外圆轮廓，并使箭头方向指向左边。

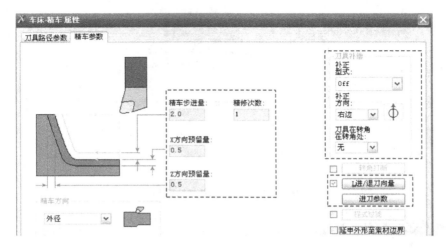

图 4.66　粗车 $R20$ 圆弧参数设置

图 4.67　进退刀向量设置

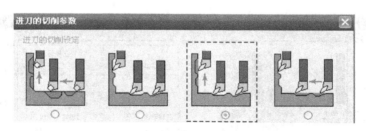

图 4.68　进刀参数设置

在弹出的如图 4.71 所示【车床精车属性】对话框中选择 T0202 刀具，设置参数如图所示。

注：不要在【定义刀具】→【刀具参数】选项卡中设置切削参数！

在【车床精车属性】对话框中选择【精车参数】选项卡，参数设置如图 4.72 所示。点击【进刀参数】，在弹出的如图 4.73 所示对话中，选择第 2 个选项。

相关参数设置完成后，点　　　确定，生成的精车外圆刀具路径如图 4.74 所示。

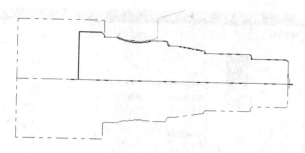

图 4.69　*R*20 圆弧粗车刀具路径

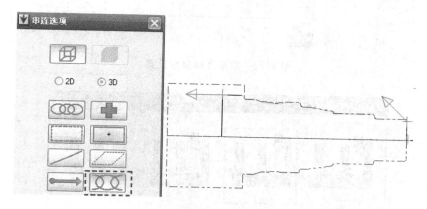

图 4.70　串联选择

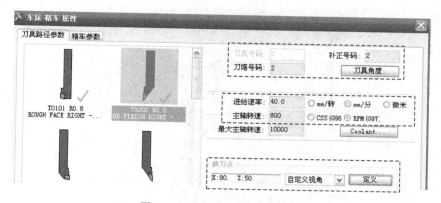

图 4.71　车床精车属性对话框

⑥切退刀槽

在菜单栏点击【屏幕】→【U 回复隐藏的图素】，将隐藏的退刀槽轮廓线恢复到显示状态。

在菜单栏【刀具路径】→【车床径向车削刀具路径】，弹出如图 4.75 所示的【径向车削的切槽选项】对话框，选择【两点】定义方式。点击 ✔ 确定后，在图形区域选择如图 4.76 所示的两点（用以定义退刀槽的位置和尺寸），然后回车结束。

在弹出的如图 4.77 所示的【径向粗车属性】对话框的【刀具路径参数】选项卡上，选择【OD Groove center-Narrow】刀具。双击此刀具，或点右键在弹出的菜单中选择【编辑刀

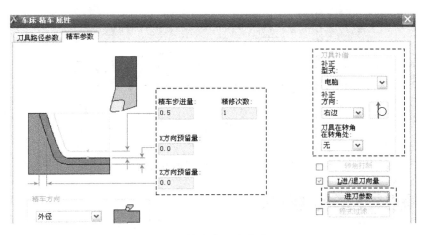

图 4.72　精车外圆参数设置

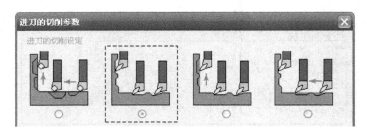

图 4.73　进刀参数设置

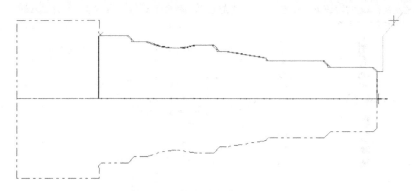

图 4.74　精车外圆刀具路径

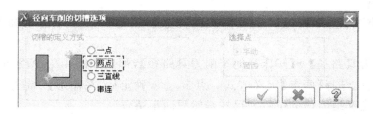

图 4.75　切槽参数定义方式选择对话框

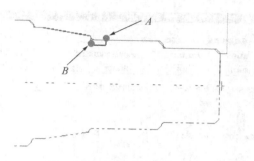

图 4.76　退刀槽定义点选择

具】,弹出如图 4.78 所示的【定义刀具】对话框,选择【参数】选项卡,设置尺寸参数如图所示。再选择【刀片】选项卡,设置参数如图 4.79 所示。

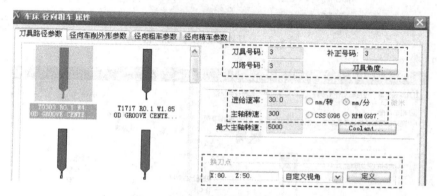

图 4.77　径向粗车属性对话框

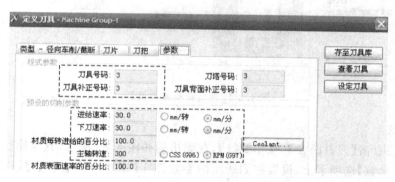

图 4.78　刀具号以及切削参数设置对话框

　　在【径向粗车属性】对话框的【径向粗车参数】选项卡上设置如图 4.80 所示的参数;在【径向精车参数】选项卡上,取消【精车切削】复选框前的√,如图 4.81 所示。

　　相关参数设置完成后,点 ☑ 确定,生成的退刀槽切削刀具路径如图 4.82 所示。

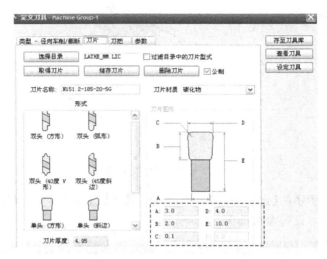

图 4.79　刀片参数设置对话框

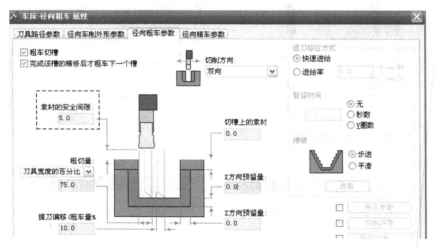

图 4.80　径向粗车参数设置

⑦车螺纹

在菜单栏点击【刀具路径】→【车螺纹】,在弹出的如图 4.83 所示的【车螺纹属性】对话框的【刀具路径参数】选项卡上,设置如图所示的参数。在【螺纹型式的参数】选项卡上设置如图 4.84 所示的参数。在【车螺纹参数】选项卡上设置如图 4.85 所示的参数。

【NC 代码格式】选项的含义为:【一般切削】是指螺纹加工用 G32 指令输出,【立方体】是指螺纹加工用 G92 指令输出,【切削循环】是指螺纹加工用 G76 指令输出。

相关参数设置完成后,点　确定,生成的螺纹切削刀具路径如图 4.86 所示。

(7)切削模拟

在操作管理器中点击　,选择所有操作。点击　,弹出如图 4.87 所示的【实体验证】对话框,点击　开始模拟切削。点击　　　,可调节模拟加工的速度。模拟加工结果如图 4.88 所示。

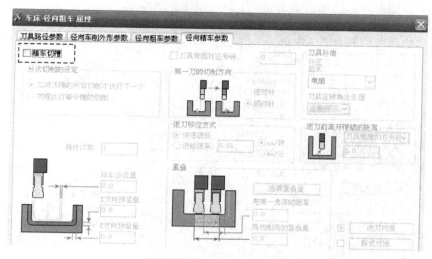

图 4.81　径向精车参数设置

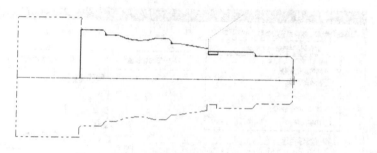

图 4.82　退刀槽切削刀具路径

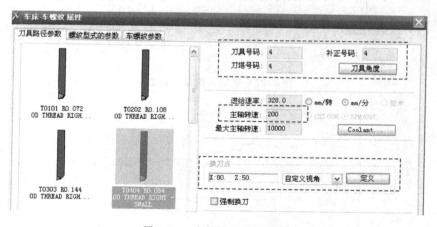

图 4.83　车螺纹属性对话框

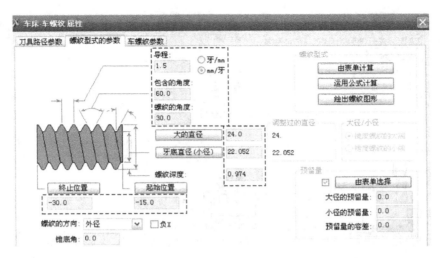

图 4.84　螺纹型式参数设置

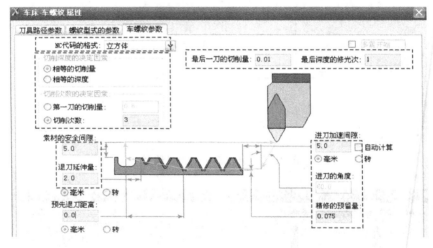

图 4.85　螺纹车削参数设置

图 4.86　螺纹加工刀具路径

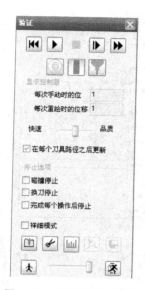

图 4.87　验证操作对话框

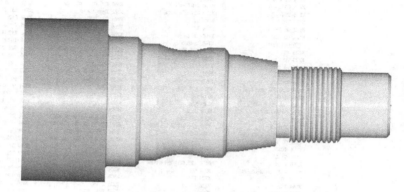

图 4.88　零件模拟加工结果

(8)后置处理,生成数控程序

在操作管理器中点击 ,选择所有操作。点击 ,弹出如图 4.89 所示的对话框,点击 ,在弹出的文件保存对话框中输入文件名并指定保存路径后,可输出如图 4.90 所示的数控程序。

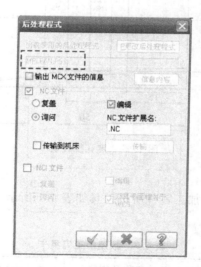

图 4.89　后置处理对话框

注:该程序是通过系统提供的 FANUC 通用后处理模板而生成,在实际加工前,需根据实际机床的指令格式,对部分指令进行修改。

2. 套类零件编程实例

应用 MasterCAM 软件编写如图 4.91 所示锥孔螺纹套零件内轮廓的数控加工程序,材料为 45♯钢,毛坯尺寸为外径 ϕ40mm,内孔 ϕ22mm,长度 50mm。

```
%
O0001
N100 T0101
N102 G97 S600 M03
N104 G0 X64. Z3.5
N106 G98 G1 X-6.6 F100
N108 G0 Z5.5
N110 X64.
N112 Z2.
N114 G1 X-6.6
N116 G0 Z4.
N118 X64.
N120 Z.5
N122 G1 X-6.6
N124 G0 Z2.5
N126 G97 S800
N128 X64.
N130 Z0.
N132 G1 X-6.6 F60.
N134 G0 Z2.
N136 T0100
N138 G28 U0. W0. M05
N140 T0202
N142 G97 S500 M03
N144 G0 X47.6 Z5.
N146 G1 Z3. F80.
N148 Z-64.5
N150 X50.428 Z-63.086
N152 G0 Z5.
N154 X43.6
N156 G1 Z3.
N158 Z-64.5
N160 X46.428 Z-63.086
N162 G0 Z5.
N164 X41.
N166 G1 Z3.
```

```
N168 Z-84.5
N170 X43.828 Z-83.086
N172 G0 Z5.
N174 X37.
N176 G1 Z3.
N178 Z-74.5
N180 X39.828 Z-73.086
N182 G0 Z5.
N184 X35.
N186 G1 Z3.
N188 Z-67.453
N190 X37.828 Z-66.039
N192 G0 Z5.
N194 X31.
N196 G1 Z3.
N198 Z-48.5
N200 X33.828 Z-47.086
N202 G0 Z5.
N204 X27.
N206 G1 Z3.
N208 Z-33.959
N210 X29.828 Z-32.544
N212 G0 Z5.
N214 X25.
N216 G1 Z3.
N218 Z-33.5
N220 X27.828 Z-32.086
N222 G0 Z5.
N224 X21.
N226 G1 Z3.
N228 Z-14.5
N230 X23.828 Z-13.086
N232 G0 Z5.
N234 X18.707
N236 G1 Z3.
N238 Z.354
```

```
N240 X21.536 Z1.768
N242 G0 Z3.775
N244 X14.479
N246 G1 Z1.775
N248 X20.02 Z-.996
N250 Z-14.99
N252 X22.008
N254 X24.02 Z-15.996
N256 Z-33.99
N258 X26.017
N260 X30.02 Z-45.999
N262 Z-48.99
N264 X32.008
N266 X34.02 Z-49.996
N268 Z-55.
N270 Z-67.533
N272 G2 X36.02 Z-69.998 R19.99
N274 G1 Z-74.99
N276 X38.008
N278 X40.02 Z-75.996
N280 Z-84.99
N282 X50.
N284 X52.828 Z-83.576
N286 G0 Z-53.257
N288 X38.203
N290 G1 X34.95 Z-55.157
N292 G2 X32.986 Z-61.267 R19.5
N294 X36.9 Z-69.781 R19.5
N296 G1 X39.728 Z-68.367
N298 G97 S800
N300 G0 Z1.766
N302 X17.531
N304 G1 Z-.234 F40.
N306 X20. Z-1.469
N308 Z-15.
N310 X21.063
```

```
N312 X24. Z-16.469
N314 Z-34.
N316 X25.755
N318 X30. Z-46.734
N320 Z-49.
N322 X31.063
N324 X34. Z-50.469
N326 Z-55.93
N328 G2 X31.986 Z-62.067 R19.2
N330 X36. Z-70.614 R19.2
N332 G1 Z-75.
N334 X37.063
N336 X40. Z-76.469
N338 Z-85.
N340 X42.828 Z-83.586
N342 T0200
N344 G28 U0. W0. M05
N346 T0303
N348 G97 S300 M03
N350 G0 X34. Z-34.
N352 G1 X21. F30.
N354 G0 X34.
N356 T0300
N358 G28 U0. W0. M05
N360 T0404
N362 G97 S200 M03
N364 G0 X34. Z-10.
N366 G92 X23.108 Z-32. F1.5
N368 X22.611
N370 X22.222
N372 X22.202
N374 X22.052
N376 G0 X34.
N378 T0400
N380 G28 U0. W0. M05
N382 M30
```

图 4.90　后置处理后的数控加工程序

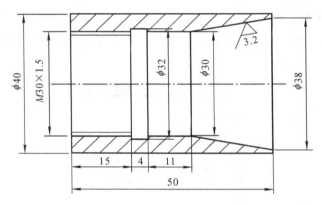

图 4.91　锥孔螺纹套

（1）工艺分析

根据对零件图样的分析，加工零件所选刀具如表 4.7 所示，编写的数控加工工序卡如表 4.8 所示。

表 4.7　数控加工刀具卡

序　号	刀具号	刀具名称及规格	加工表面	数　量	补偿号
1	T01	φ16 内孔镗刀	镗孔	1	01
2	T02	4m 内槽车刀	切退刀槽	1	02
3	T03	内螺纹车刀	车内螺纹	1	03

表 4.8　数控加工工序卡

序号	工步内容	夹具	刀具号	主轴转速(r/min)	进给速度(mm/min)	背吃刀量(mm)
1	粗镗内孔，螺纹底孔至 ϕ27.05，ϕ30 内孔镗至 ϕ29，锥孔留 0.5mm 余量	三爪自定心卡盘	T01	350	40	1
2	精镗内孔，螺纹底孔至 ϕ28.05，ϕ30 孔及锥孔至尺寸		T01	400	30	0.5
3	切退刀槽		T02	200	25	
4	车螺纹		T03	100		

（2）绘制零件轮廓线

根据零件图样尺寸，结合后续串联选择的需要，绘制如图 4.92 所示的零件轮廓线。

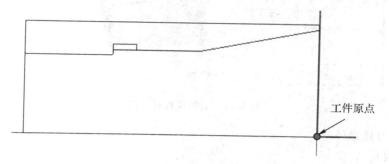

图 4.92　零件轮廓线

按【F9】键，查看工件坐标原点位置。若不在设定的位置，则可通过图形平移的方式将其移动到合适的位置。本例中将坐标原点设在零件右端面中心。

（3）选择机床类型

点击菜单【机床类型】→【车床】→【默认】。

（4）定义毛坯形状与尺寸

在操作管理器中点击【材料设置】，在弹出的【机器群组属性】对话框中，点击【信息内容】（如图 4.93 所示），在【机床组件材料】对话框中设置如图 4.94 所示的相关参数。

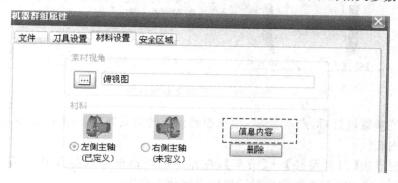

图 4.93　机器群组属性对话框

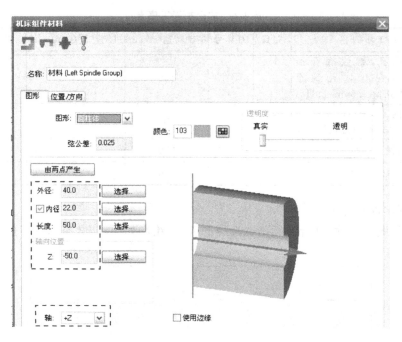

图 4.94　毛坯设置对话框

（5）生成刀具路径

①粗镗内孔

在菜单栏点击【刀具路径】→【粗车】，在弹出的对话框中选择【ID FINISH 16 DIA】刀具，并在如图 4.95、4.96 所示的粗加工参数设置对话框中设置相关参数。

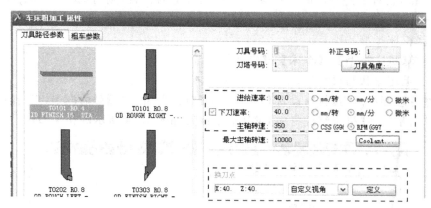

图 4.95　刀具路径参数设置

完成相关参数设置后，点击[✔]，生成粗镗内孔的刀具路径如图 4.97 所示。

②精镗内孔

在菜单栏点击【刀具路径】→【精车】，在弹出的对话框中选择 T0101 刀具，并在如图 4.98、4.99 所示的精加工参数设置对话框中设置相关参数。

在【精车参数】选项卡上，点击【进/退刀向量】，在弹出的【导入/导出】对话框【引入】选项

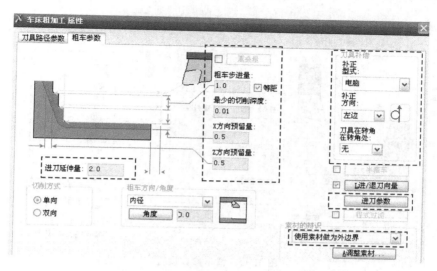

图 4.96　粗车参数设置

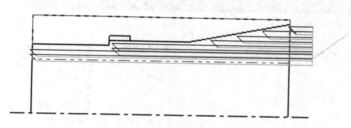

图 4.97　粗镗内孔刀具路径

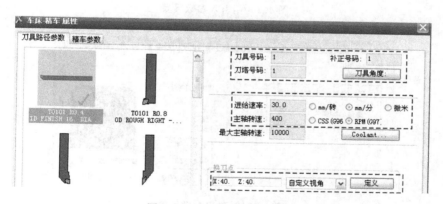

图 4.98　刀具路径参数设置

卡(如图 4.100 所示)上设置引入参数,在图 4.101 所示的【引出】选项卡上设置引出参数。

完成相关参数设置后,点击 ✓ ,生成精镗内孔的刀具路径如图 4.102 所示。

③切退刀槽

在菜单栏点击【刀具路径】→【车床径向车削刀具路径】,在弹出的对话框中选择【ID GROOVE 12 DIA】刀具,设置切削刃宽度为 4mm,并在如图 4.103、4.104、4.105、4.106 所示的径向车削参数设置对话框中设置相关参数。

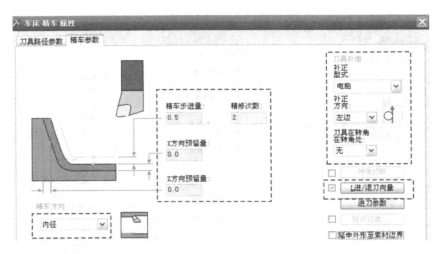

图 4.99　精车参数设置

图 4.100　引入参数设置

图 4.101　引出参数设置

完成相关参数设置后,点击 <u>　✓　</u>,生成切退刀槽的刀具路径如图 4.107 所示。

④车螺纹

在菜单栏点击【刀具路径】→【车螺纹】,在弹出的对话框中选择【ID THREAD MIN 20 DIA】刀具,并在如图 4.108、4.109、4.110 所示的螺纹切削参数设置对话框中设置相关参数。

完成相关参数设置后,点击 <u>　✓　</u>,生成车削螺纹的刀具路径如图 4.111 所示。

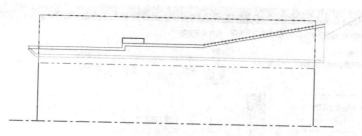

图 4.102　精镗内孔刀具路径

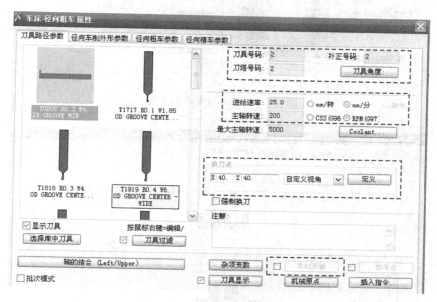

图 4.103　刀具路径参数设置

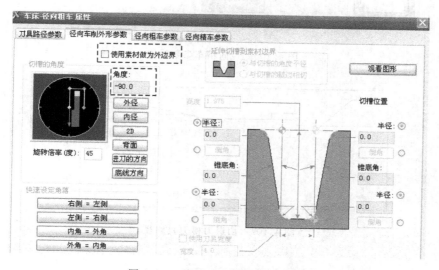

图 4.104　径向车削外形参数设置

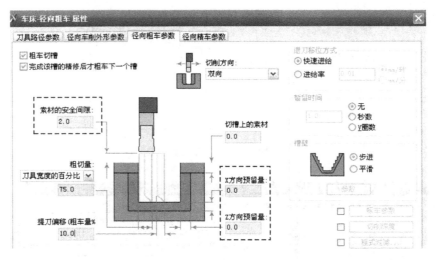

图 4.105　径向粗车参数设置

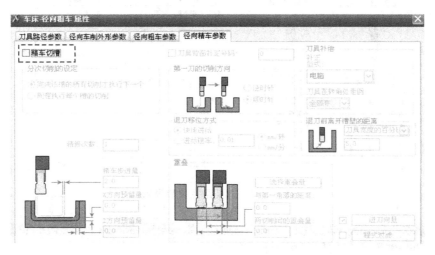

图 4.106　径向精车参数设置

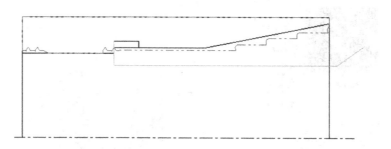

图 4.107　切退刀槽刀具路径

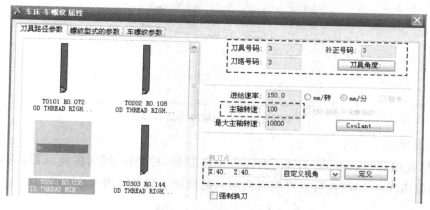

图 4.108 刀具路径参数设置

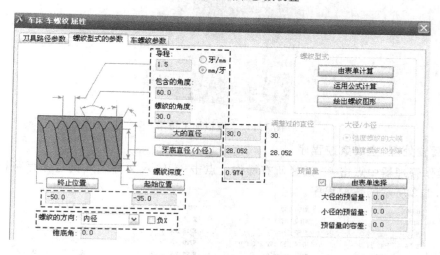

图 4.109 螺纹型式参数

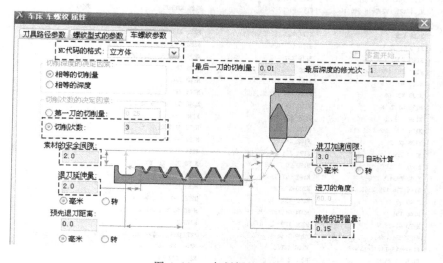

图 4.110 车削螺纹参数

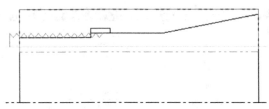

图 4.111　车削螺纹刀具路径

（6）切削模拟

在操作管理器中点击 　,选择所有操作。点击 　,在弹出的【实体验证】对话框中,点击　　开始模拟切削。点击 　可查看剖面视图。模拟加工结果如图 4.112 所示。

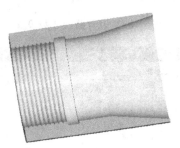

图 4.112　模拟加工结果

（7）后置处理,生成数控程序

在操作管理器中点击 　,选择所有操作。点击 G1,输入文件名并指定保存路径后,可输出如图 4.113 所示的数控程序。

```
00001                    N158 X33.                  N214 X24.222 Z-50.586      N278 X29.7
N102 T0101               N160 G1 Z2.5               N216 G0 Z1.64              N280 X30.
N106 G97 S350 M03        N162 Z-10.311              N218 X36.8                 N282 G0 X24.052
N108 G0 X24. Z2.5        N164 X30.172 Z-8.897       N220 G1 X38.016 Z-.322     N284 Z1.578
N110 G98 G1 Z2.5 F40     N166 G0 Z4.5               N222 X30. Z-20.36          N286 G28 U0. W0. M05
N112 Z-50.4              N168 X35.                  N224 X-35.                 N288 T0300
N114 X21.172 Z-48.986    N170 G1 Z2.5               N226 X28.05                N290 M30
N116 G0 Z4.5             N172 Z-5.311               N228 Z-52.                 %
N118 X26.                N174 X32.172 Z-3.897       N230 X25.222 Z-50.586
N120 G1 Z2.5             N176 G0 Z4.5               N232 G0 Z1.25
N122 Z-50.4              N178 X37.                  N234 G28 U0. W0. M05
N124 X23.172 Z-48.986    N180 G1 Z2.5               N236 T0100
N126 G0 Z4.5             N182 Z-.311                N240 T0202
N128 X27.05              N184 X34.172 Z1.103        N244 G97 S200 M03
N130 G1 Z2.5             N186 G0 Z4.5               N246 G0 X24.05 Z1.25
N132 Z-34.5              N188 X37.035               N248 Z-35.
N134 X24.222 Z-33.086    N190 G1 Z2.5               N250 G1 X32. F25.
N136 G0 Z4.5             N192 Z-.223                N252 G0 X24.05
N138 X29.                N194 X34.207 Z1.191        N254 Z1.25
N140 G1 Z2.5             N196 G0 Z1.25              N256 G28 U0. W0. M05
N142 Z-34.5              N198 G97 S400              N258 T0200
N144 X26.172 Z-33.086    N200 Z1.738               N262 T0303
N146 G0 Z4.5             N202 X37.819               N266 G97 S100 M03
N148 X31.                N204 G1 X37.035 Z-.223 F30. N268 G0 X24.052 Z1.578
N150 G1 Z2.5             N206 X29. Z-20.311         N270 Z-32.
N152 Z-15.311            N208 Z-34.5               N272 G99 G92 X28.915 Z-52 F1.5
N154 X28.172 Z-13.897    N210 X27.05               N274 X29.347
N156 G0 Z4.5             N212 Z-52.                 N276 X29.68
```

图 4.113　后置处理后的数控加工程序

4.6　基于 CNC Partner 的加工仿真

4.6.1　CNC Partner 数控培训机简介

CNC Partner 数控培训机是由哈尔滨工业大学和深圳海特智能设备有限公司联合开发的数控技术培训系统,主要用于数控机床设备的操作人员和数控编程人员培训以及数控程序正确性检验,可以模拟运行 FANUC、华中、SIEMENS、HEIDENHAIN 等数控系统的数控程序。该系统采用虚实结合的设计理念,具有操作真实感强、设备和系统更新快、成本低、便于维护和管理等特点。CNC Partner 数控培训机采用双屏幕显示方式(如图 4.114 所示),人机操作界面采用与真实机床相同的机床运动控制面板、数控操作面板和数控编程屏幕,大屏幕的显示器以三维立体显示方式显示机床运动过程和加工过程,从而使被培训者既具有操作实际机床的真实感,又可清晰地感受到机床的运动控制和加工过程控制的实际动作,同时不必担心机床的损坏和零件的加工成本。

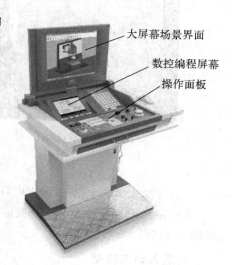

大屏幕场景界面
数控编程屏幕
操作面板

图 4.114　CNC Partner 数控培训机

4.6.2　加工仿真步骤

应用 CNC Partner 数控培训机进行数控车床的加工仿真可按如下步骤进行:
(1)启动系统。
(2)载入通过 MasterCAM 软件后置处理并编辑过的数控加工程序。
(3)载入毛坯,工件安装。
(4)刀具准备,刀具安装。
(5)回参考点。
(6)对刀,设定刀具偏置值。
(7)自动执行,进行仿真加工。
(8)关闭系统。

4.6.3　加工仿真实例

以上节介绍的轴类零件为例,介绍应用 CNC Partner 数控培训机进行数控车削加工的仿真方法。零件图如图 4.38 所示,材料为 45♯钢,毛坯尺寸为 $\phi50\times115$。

1. 启动系统

（1）在计算机的桌面上双击 CNC Parther ，在弹出的窗口中选择数控车床系统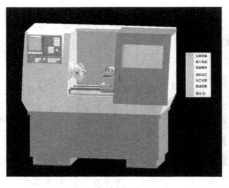，出现系统的初始界面，如图 4.115（a）所示。

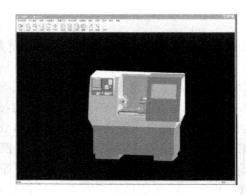

(a) 启动界面   (b) 全屏模式

图 4.115   系统初始界面

（2）按操作面板上的 POWER ON 按钮█，操作面板上电。

（3）在系统初始界面上单击鼠标右键，弹出快捷菜单，选择"全屏切换"切换到窗口模式，如图 4.115（b）所示。

2. 载入加工程序

（1）在操作面板上，将"模式选择"旋钮转到"EDIT"挡，如图 4.116 所示。

（2）按数控编程小屏幕上的软键【DIR】或编程面板上的按键【PROG】，显示程序列表如图 4.117 所示。

图 4.116   模式选择旋钮

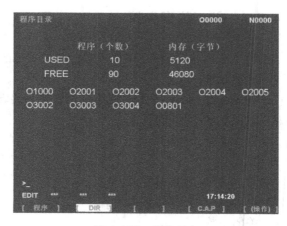

图 4.117   程序列表

（3）输入程序文件名，再按编程面板上的向下光标键【↓】，显示程序完整内容。若文件不存在，则生成新文件。本实例中输入"O0801"，如图 4.118 所示。

注意：若显示程序列表中文件不存在，输入程序文件名后生成新文件，需要在数控编程面板上手动输入程序，费时费力且容易出错。可以把加工程序复制到本地磁盘中，路径为：

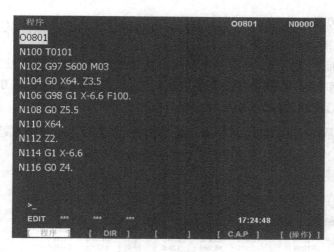

图 4.118 程序内容

D:\Program Files\CNC Partner\FanucOiTC\NCFile，加工程序文件名命名为"O＊＊＊＊"，后缀名为".txt"，程序文件名会自动显示在编程小屏幕的程序列表中，如图 4.117 所示。

3. 载入毛坯，工件安装

(1)在系统初始界面上单击鼠标右键，在快捷菜单中选择"载入毛坯"，弹出毛坯管理对话框，如图 4.119 所示。

图 4.119 毛坯管理

(2)根据本实例毛坯尺寸，在对话框中单击【新建】按钮，设置毛坯尺寸为直径 $\phi50\text{mm}$，长度 115mm，材料为钢，在描述空白框中单击鼠标左键，系统自动弹出毛坯描述：50×115，单击【确定】按钮。

(3)在毛坯管理对话框中，选择描述为"50×115"项，单击【选择】按钮，毛坯"装夹"到机床卡盘上。如果需要设定毛坯装夹长度，可在菜单中选择【加工准备】→【工件装夹】进行设置。

4. 刀具准备,刀具安装

本实例中加工所选刀具见表4.5。

(1)在系统界面上,单击菜单【数据库】→【刀具管理】,弹出车刀刀库管理对话框。

(2)在车床刀库栏目内,移除所有系统默认的刀具,根据要求在中央刀库中逐个选中所需刀具,单击【选择】按钮,将刀具添加到车床刀库栏中,如图4.120所示。

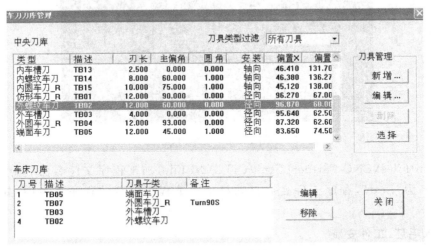

图 4.120　车刀刀库管理

操作技巧:

(1)在系统界面中,滚动鼠标滚轮可进行界面放大、缩小操作,按住鼠标左键拖动,可进行图形移动操作。

(2)点击 ▯▯▯▯ 这几个工具栏按钮,可切换视图方向。

(3)在中央刀库中,选中所需刀具,点击【编辑】按钮,可对刀具进行编辑。

5. 回参考点

(1)单击菜单【仿真模式】→【材料去除仿真】,画面显示如图4.121所示。

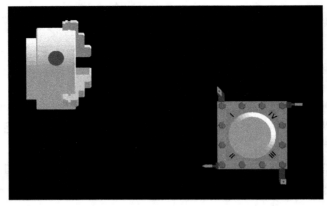

图 4.121　加工仿真模式

(2)在操作面板上,"模式选择"旋钮转到回零"ZRN"挡。

（3）分别按操作面板上【＋Z】和【＋X】键使Z轴和X轴移动，执行回参考点操作。当某一轴到达参考点时，回参考点复位指示灯亮。当轴回到参考点时，程序显示屏的坐标值发生变化。

（4）以任何方式移动任意轴离开参考点后，对应复位指示灯熄灭。

6. 对刀，设定刀具偏置值

（1）按操作面板上【刀盘正转】或【刀盘反转】按钮，选择1号刀。

（2）"模式选择"旋钮转到"JOG"或"HANDLE"挡，按操作面板上【主轴正转】按钮，主轴启动旋转。

（3）Z向对刀。

①手动方式（"JOG"挡）按操作面板上【－Z】、【－X】键，移动坐标轴使刀具Z向接近工件，"模式选择"旋钮转到手轮方式（"HANDLE"挡），"轴选择"旋钮转到"Z"轴，"手轮倍率"旋钮转到"×10"挡，转动手轮使刀具小心接触工件右端面（声音发生变化），如图4.122所示。

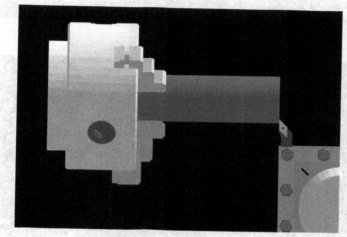

图4.122　Z向对刀

②"轴选择"旋钮转到"X"轴，转动手轮使刀具脱离工件接触，保持机床Z向不动，按编程面板上的【OFFSET SETTING】按钮，编程小屏幕显示偏置设置画面，如图4.123所示。

③按编程面板上的上下方向键【↑】、【↓】选中对应的行，设置1号刀就选第一行。

④通过编程面板输入"Z0"。

⑤按编程小屏幕下方的软键【测量】，则该行的Z值自动发生变化，实现对当前刀具的Z向位置补偿设置。

（4）X向对刀。

①转动手轮移动刀具，使刀具轻微接触工件外圆面，然后使X向保持不变，－Z向移动刀具，切出一段外圆面，如图4.124所示。

②保持X值不变，沿＋Z向移动刀具，使刀具脱离接触工件。

③按操作面板上【主轴停止】按钮。

④单击菜单【测量工件】→【直径测量】，弹出工件直径测量对话框。

⑤移动鼠标，使鼠标箭头接近刚才切出的一小段外圆的直径边缘，工件直径测量对话框

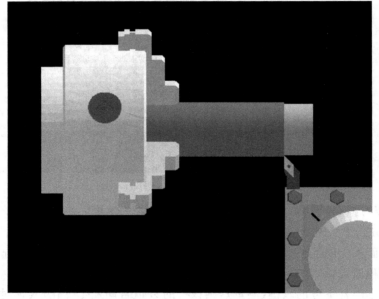

图 4.123　刀具补偿

刀具补偿/几何			O0000	N0000
NO.	X	Z	R	T
G 01	-167.460	-183.040	0.000	0
G 02	-140.000	-70.000	0.200	2
G 03	20.000	-50.000	0.500	0
G 04	20.000	20.000	23.000	0
G 05	10.000	20.000	0.000	0
G 06	60.000	10.000	0.000	3
G 07	0.000	210.004	30.000	0
G 08	385.080	-32.100	0.500	0
G 09	268.680	256.242	0.000	1
G 10	382.996	212.617	0.000	0

现在位置(相对坐标)
U: -102.000　　　W: -147.203

>_

JOG　　***　　***　　***　　　　　14:36:14

【 偏置 】　　【 设置 】　　【 坐标系 】　　【　　】　　　【 (OPRT) 】

图 4.124　X 向对刀

中显示出直径值,记录下来。

　　⑥单击【关闭】按钮退出对话框,单击菜单【测量工件】→【测量完成】。

　　⑦按编程面板上的【OFFSET SETTING】按钮,编程小屏幕显示偏置设置画面。

　　⑧按编程面板上的上下方向键【↑】、【↓】选中对应的行,设置 1 号刀就选第一行,输入记录的直径值,如"X49.86"。

　　⑨按编程小屏幕下方的软键【测量】,则该行的 X 值自动发生变化,实现对当前刀具的 X 向位置补偿设置。

⑩其他刀具可重复上述步骤进行对刀,实现刀具偏置值的设置。

7. 自动执行,仿真加工

(1)"模式选择"钮旋转到"JOG"挡。

(2)按操作面板上【+Z】、【+X】键移动坐标轴,确保刀具距离工件处于安全位置。

(3)"模式选择"钮旋转到选择"AUTO"挡。

(4)按操作面板上【程序启动】回键开始加工。

(5)在加工过程中,可按【程序暂停】回键暂停加工(再按【程序启动】键可继续执行),也可旋转主轴倍率修调旋钮、进给倍率修调旋钮调整主轴转速和进给速度。

图 4.125 所示为"O0801"程序的仿真结果。

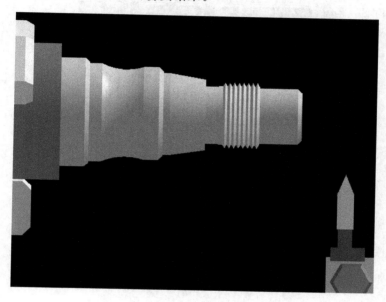

图 4.125　"O0801"程序的仿真结果

8. 关闭系统

(1)操作完成后,按操作面板上的 POWER OFF ▆ 断电,然后关闭培训系统。

(2)关闭 Windows 系统。

(3)关闭总电源。

4.7　加工实训

4.7.1　KENT-18T 系统简介

KENT-18T 系统数控车床的控制面板如图 4.126 所示。该面板主要由屏幕显示区、编辑区、菜单区、工作方式选择区、控制区等组成。

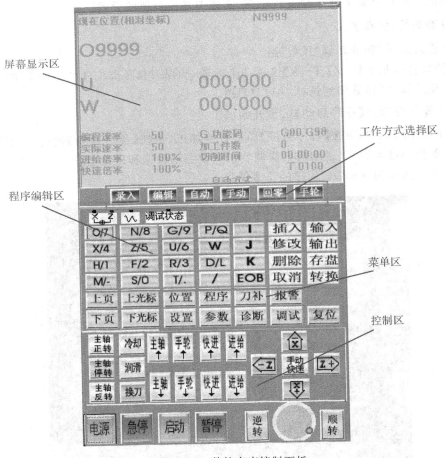

图 4.126　数控车床控制面板

4.7.2　操作方法及步骤

数控车床的操作可按如下步骤进行：

(1)开机。

(2)回零。

(3)输入加工程序。

(4)工件准备,工件安装。

(5)刀具准备,刀具安装。

(6)对刀,设定刀具偏置值。

(7)程序执行,进行实际切削加工。

(8)关机。

4.7.3　加工实例

本节结合上节的轴类零件实例来介绍 KENT-18T 系统的数控车床操作方法。零件如图 4.38 所示,材料为 45♯钢,毛坯尺寸为 φ50×115mm。

1. 开机

(1)检查机床各部分状态是否正常,注意观察紧急停止按钮是否被按下,驱动器风扇是否运转正常,工作台上面和机床内是否有杂物,以免干涉机床运动而发生事故。此外,车床防护门要关好。

(2)打开机床背后或侧面的电源开关,顺时针旋转该旋钮打开电源(逆时针旋转该旋钮关闭电源)。

(3)打开机床正面控制面板下方的电源开关。

(4)系统自检后,进入初始界面,如图 4.127 所示。

图 4.127　系统初始界面

注意:

(1)须严格按照厂家说明书要求接通电源,电源电压应为～220V。

(2)注意开机顺序,不能随意颠倒,否则易导致控制面板损坏,面板按键失灵,严重的会导致控制面板电路烧坏报废。

(3)接通电源后观察屏幕上显示的内容是否正常,如有异常应及时关闭电源检查故障。

(4)接通电源的同时,在系统初始界面正常显示之前,不要按面板上的任何按键,否则有可能会引起意外。

(5)接通电源后不要急于操作,最好让机床空运转 5 分钟,让机床达到平衡状态。

2. 回零

本系统车床开机后可不进行回零操作。但要注意,大多数的数控机床开机后首先必须进行回零操作。回零操作的步骤如下:

(1)按工作方式选择区的【手动】键,屏幕提示变为"手动方式",进入手动操作方式。

(2)分别按控制区【－Z】、【－X】键,拖板移动至靠近三爪卡盘中心位置。

(3)按工作方式选择区的【回零】键,屏幕提示变为"机械回零"方式。

（4）按下控制区【＋X】键不要松开，机床快速向"＋X"方向运动，碰到减速开关后自动减慢速度以系统参数设定的慢速移动速度继续向"＋X"方向移动，直至 X 轴回到零点。

（5）返回零点后，X 轴对应的回零指示灯亮。

（6）Z 轴回零采用和 X 轴相同的方法，按下控制区【＋Z】键，机床"＋Z"方向运动，一直到 Z 轴回到零点后，方可松开。

（7）回零完毕后，屏幕显示区 X、Z 的坐标分别显示"X 0.000"、"Z 0.000"，如图 4.128 所示。

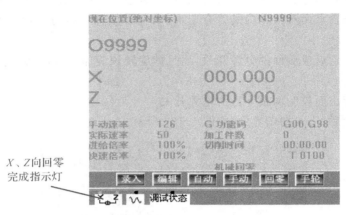

图 4.128　机械回零

3. 输入加工程序

加工程序输入数控系统的方法有两种，一种是直接在程序编辑区通过键盘操作，手动逐句输入程序；另一种是通过专用的发送软件，使用 RS232 通讯接口与电脑连接，进行发送。手动输入程序效率低，且键盘操作很费力，特别是加工程序较长时容易出错。本实例采用第二种输入方法。

（1）通过 MasterCAM 后置处理软件生成的数控加工程序，在加工前需要编辑，删除"G54"、"G18"等本系统不能识别的指令，把加工程序文件名命名为"O＊＊＊＊"，后缀名改为".txt"，程序顶端的文件名指令修改为"％"、"："格式，如图 4.129 所示。本实例程序名为"O0801"。

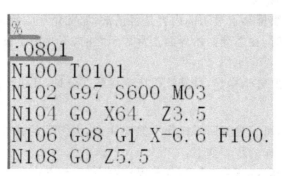

图 4.129　程序发送格式

（2）连接电脑与机床 RS232 数据线，在电脑端打开 CNC-RS232C 通讯软件。

（3）在机床控制面板菜单区按【程序】键，机床屏幕显示程序菜单画面。

（4）按工作方式选择区的【编辑】键，选择编辑工作方式。

（5）按程序编辑区的【输入】键，机床进入程序接收等待状态。

（6）在电脑端 CNC-RS232C 通讯软件中点击工具栏的 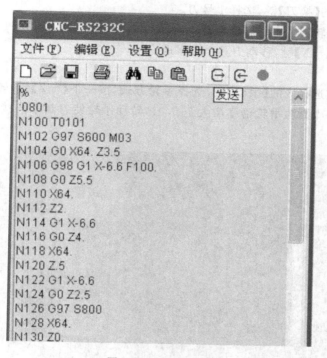 按钮打开本实例的加工程序，点击 按钮，程序开始发送，如图 4.130 所示。

图 4.130　程序发送

（7）程序发送完毕后，电脑上提示"发送完毕"，加工程序顺利发送至机床。

（8）程序发送成功后，需在机床上检查程序的完整性。因为当数据线出现故障或者接口出现故障时，会程序导致程序发送不完整，因此需进行完整性检查。若发送不完整，须排除故障后重新发送。

4. 工件准备，工件安装

把工件正确地安装在机床三爪卡盘上，注意工件的装夹长度。如本实例工件加工长度为 85mm，毛坯长度为 115mm，卡盘装夹长度应为 20～25mm。

5. 刀具准备，刀具安装

本实例共使用 4 把刀具，1 号刀为 45°端面车刀，2 号刀为 93°外圆车刀，3 号刀为宽 4mm 切槽刀，4 号刀为 60°外螺纹车刀，按照刀号，安装到机床刀架的对应刀位上。

（1）按工作方式选择区的【手动】键，选择手动方式。

（2）按控制区的【换刀】键一次，机床刀架旋转一个刀位，继续按【换刀】键，刀架逐个刀位旋转，刀架转到 1 号刀位。

（3）正确安装好 1 号端面车刀。

（4）按一下【换刀】键，刀架转到 2 号刀位，正确安装好 2 号外圆车刀。

（5）切槽刀和螺纹刀采用相同的方法安装。

6. 对刀，设定刀具偏置值

刀具正确安装后，需对每一把刀具都进行对刀操作。

（1）按工作方式选择区的【手动】键，选择手动工作方式。

（2）按控制区的【换刀】键，选择 1 号刀。

（3）按【主轴正转】键，主轴启动旋转。

（4）按【－Z】、【－X】键，移动刀具小心靠近工件。

（5）Z 向对刀

①按工作方式选择区的【手轮】键，选择手轮方式，按一下【－Z】键，转动手轮刀具 Z 向移动，按【手轮倍率↑】键，手轮倍率增大至 0.01，转动手轮使刀具小心接触工件右端面，如图 4.131 所示。

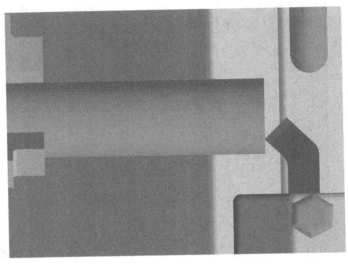

图 4.131　Z 向对刀

②按一下【＋X】键，转动手轮，刀具沿 X 向退刀脱离工件接触。

③按菜单区的【刀补】键，屏幕显示刀具偏置画面，按【下页】、【下光标】键，找到 1 号刀对应的刀具补偿号，通过程序编辑区键盘操作输入"Z0."，按【输入】键，Z 值自动发生变化，实现对 1 号刀的 Z 向位置补偿设置。本系统 1 号刀的刀具补偿号为"101"，如图 4.132 所示。

（6）X 向对刀

因本实例 1 号刀为 45°端面车刀，X 向对刀时刀尖无法车削外圆面，故只能目测进行对刀，小心移动刀具使刀尖与工件外圆边线平齐，如图 4.133 所示。如果其他刀具也有类似无法进行试切的情况，也可以采用目测的办法。

其他刀具 X 向对刀可以通过试切一小段外圆面的方法进行，下面以 2 号刀为例讲解 X 向对刀的操作方法和步骤。

①转动手轮移动刀具，使刀具轻微接触工件外圆面，然后使 X 向保持不变，－Z 向移动刀具，切出一段外圆面，如图 4.134 所示。

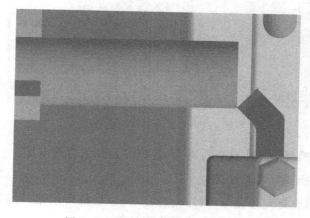

图 4.132 刀具补偿设置

图 4.133 端面车刀 X 向目测对刀

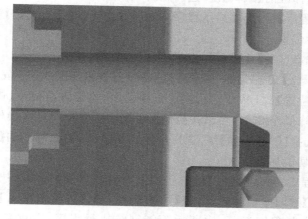

图 4.134 X 向对刀

②保持 X 值不变,转动手轮移动刀具沿+Z 向退刀,使刀具脱离接触工件。

③按控制区的【主轴停止】键,主轴停止转动。

④用游标卡尺或千分尺测量试切产生的外圆面的直径,记录下来。

⑤按菜单区的【刀补】键,屏幕显示刀具偏置画面,按【下页】、【下光标】键,找到2号刀对应的刀具补偿号,通过程序编辑区键盘操作输入刚才测量得到的直径值,按【输入】键,X值自动发生变化,实现对2号刀的X向位置补偿设置。本系统2号刀的刀具补偿号为"102",本例测得的直径值为49.278,通过编辑区键盘操作输入"X49.278",实现2号刀的X向补偿设置,如图4.135所示。

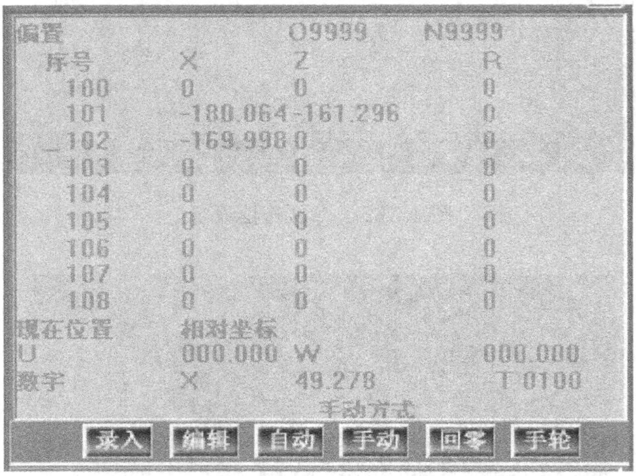

图 4.135　　X 向刀具补偿设置

(7)其他刀具可重复上述步骤进行对刀,实现刀具偏置值的设置。

7. 程序执行,进行实际切削加工

加工所需的刀具全部对刀完毕,程序检查完毕,一切准备就绪,可启动程序进行自动加工,实现机床的实际切削加工。操作方法和步骤如下:

①按工作方式选择区的【编辑】键,选择编辑工作方式。

②按菜单区的【程序】键,屏幕显示程序画面,按【上光标】、【下光标】键检查加工程序,把光标移动至程序起始位置。

③按工作方式选择区的【手动】键,选择手动工作方式。

④按控制区的【+Z】、【+X】键,移动刀具,确保刀具距离工件处于安全位置。

⑤按菜单区的【位置】键,屏幕显示位置坐标画面,检查进给倍率、快速倍率,为安全考虑,建议把快速倍率降低至25%,可以按控制区的【快速倍率↓】进行操作。

⑥按工作方式选择区的【自动】键,选择自动工作方式,按控制区的【启动】键,程序启动运行,工件开始实际切削加工。

⑦程序执行过程中,可按【暂停】键暂停加工,再按【启动】键继续执行,也可按【主轴倍率↑】、【主轴倍率↓】键调整主轴转速,按【进给倍率↑】、【进给倍率↓】键调整刀具进给速度。按【复位】键则中断程序运行,中断后不能继续执行程序,需重复上述步骤从头开始执行。

8.关机

工件加工完毕,机床进行保养后,可进行关机操作,关机顺序和开机顺序相反,需注意以下几点:

(1)确认机床机械运动部分已全部停止。

(2)注意关机顺序,先关闭控制面板开关,再关闭机床电源开关。

(3)关机后须等待 5 分钟以上才可以再次进行开机动作,如果没有特殊情况不能随意多次进行开机或关机的操作。

4.7.4　安全操作规程与注意事项

(1)操作数控机床前,应充分了解数控车床结构、性能与操作方法。

(2)机床通电前,应先检查机床情况及周围环境情况,如工作台上有无杂物,导轨油标、润滑油标指示是否正常,冷却液是否足够,各开关是否正常等。

(3)机床开机,观察屏幕显示信息是否正常,有无报警。

(4)按工艺规程要求正确安装工件和刀具。

(5)输入加工程序,运行前应仔细检查,并进行图形模拟,空运行,如有错误,更改后需至少再重新检查一遍。

(6)加工过程中应随时注意机床的系统状态显示,对异常情况要及时处理,尤其应注意报警信息及超程、急停等现象,确保安全操作,在查清故障原因前,不要贸然进行操作。

(7)无论出于什么理由,都不能用手或其他物品接触旋转中的工件。

(8)注意安全,请穿戴劳保用品,如防护眼镜等,关好机床防护门。

(9)爱护机床,操作时慎防撞击,严禁用榔头等敲击机床任何部位,特别是主轴和工作台,以防止损坏机床,降低机床精度。

(10)加工完毕,应清理机床,做好机床保养工作,并使机床各部件处于原始状态,关机时先按下操作面板上急停开关,再关闭机床电源。

习　题

4.1 简述数控车床的编程特点。

4.2 举例说明 G98、G99 指令的含义。

4.3 举例说明 G96、G97 指令的含义。

4.4 为什么数控车床通常采用直径值编程?

4.5 简述数控车床的试切对刀步骤。

4.6 数控车床固定循环指令的作用是什么? 主要包含哪些指令?

4.7 数控车削螺纹的指令有哪些?

4.8 编制图 4.136 所示零件的数控车削加工程序。

4.9 编制图 4.137 所示零件的数控车削加工程序。

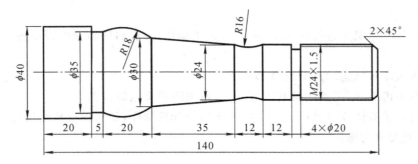

图 4.136　习题 4.8 图

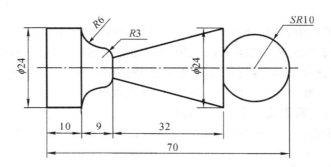

图 4.137　习题 4.9 图

第 5 章　数控铣床及加工中心编程与加工实训

本章学习目标

1. 了解数控铣床及加工中心的基本结构及其编程特点；
2. 掌握基本指令的使用方法，能够编写较复杂零件的铣削精加工程序；
3. 了解固定循环指令的使用方法，能够编写孔系加工程序；
4. 掌握使用 MasterCAM 软件编写数控铣床加工程序的方法；
5. 了解使用 CNC Partner 进行加工仿真的方法与操作步骤；
6. 了解数控铣床的操作方法。

5.1　编程基础

数控铣床是机械制造行业中应用非常广泛的一种加工机床，不仅可以进行平面铣削、平面型腔铣削、外形轮廓铣削和复杂曲面铣削，还可以进行钻削、镗削、螺纹切削等孔加工。

5.1.1　结构与分类

数控铣床主要由床身、主轴部件、进给系统、工作台、数控系统、电气控制系统、冷却与润滑系统、刀库及换刀机构等部分组成。

(1)按照主轴位置不同可分为立式数控铣床和卧式数控铣床

立式与卧式数控铣床的结构如图 5.1、5.2 所示。立式数控铣床的主轴轴线与工作台面相垂直。工件装夹方便，加工时便于观察，但不便于排屑。卧式数控铣床的主轴轴线与工作台面相平行。加工时不便于观察，但便于排屑。

(2)按进给系统的运动方式不同可分为工作台移动式数控铣床和龙门式数控铣床

小型数控铣床一般采用工作台移动的进给方式，X、Y 方向的进给运动一般通过工作台的移动实现，而 Z 方向的进给运动则可采用工作台升降方式(如图 5.1 所示)，也可采用主轴箱上下移动方式(如图 5.2 所示)。

大型数控铣床则一般采用龙门式结构(如图 5.3 所示)。主轴箱在龙门架上沿 Y、Z 方向移动，龙门架在床身上沿 X 方向运动。

（3）按联动轴数的不同可分为三轴联动、四轴联动、五轴联动数控铣床

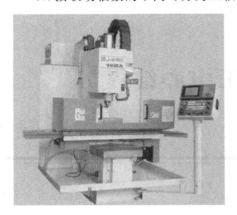

图 5.1　立式数控铣床

图 5.2　卧式数控铣床

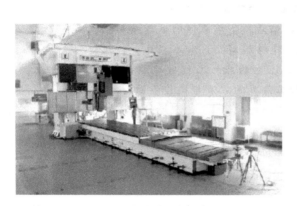

图 5.3　龙门式数控铣床

图 5.4　四轴联动数控铣床

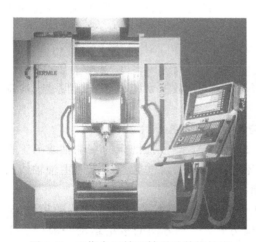

图 5.5　工作台回转五轴联动数控铣床

图 5.6　主轴回转五轴联动数控铣床

　　数控系统可以控制的运动坐标轴的总数称为控制轴数。数控系统可同时控制的、按加工要求运动的坐标轴数量称为联动轴数。如图 5.1、5.2 所示,三轴联动的数控铣床一般联动轴为 X、Y、Z 轴,是目前最常用的数控铣床。四轴联动的数控铣床一般是在三轴联动数

控铣床的基础上配置可绕 X 或 Y 轴旋转的分度头,实现四轴联动加工(如图 5.4 所示),通常用来加工各种沟槽、螺旋线等。五轴联动数控铣床能同时控制 5 个坐标轴,一般为 X、Y、Z、A、C 或 X、Y、Z、B、C(如图 5.5、5.6 所示),通常用来加工复杂的曲面类零件。目前,五轴联动数控机床系统是解决叶轮、叶片、船用螺旋桨、重型发电机转子、汽轮机转子、大型柴油机曲轴等加工的唯一手段。

(4)按是否带有刀库可分为普通数控铣床和加工中心

加工中心与普通数控铣床的主要区别是带有刀库和换刀装置,故又称为自动换刀数控机床。刀库形式有盘式刀库(如图 5.7 所示)和链式刀库(如图 5.8 所示)。

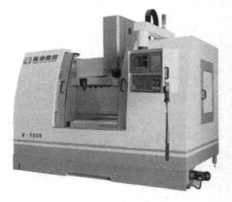
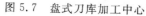
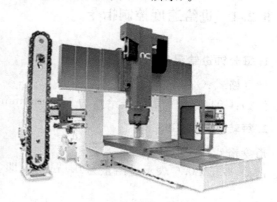

图 5.7　盘式刀库加工中心　　　　图 5.8　链式刀库加工中心

5.1.2　加工工艺范围

数控铣床主要用来加工以下工艺内容:

(1)孔加工,主要包括钻孔、扩孔、铰孔、锪孔、攻丝等。

(2)平面类零件加工,主要包括轮廓铣削、型腔铣削、平面铣削等。

(3)曲面加工,常用的走刀方法包括等参数线法、截平面法、放射线法、等高轮廓法、等残留高度法等。

5.1.3　数控系统简介

本章以 XK713 型立式三轴联动数控铣床为例,介绍数控铣床的性能和编程方法。XK713 数控铣床配置 FANUC 0i-md 铣削数控系统。该系统可控制轴数为 X、Y、Z 三轴,扩展后可控制联动轴数为四轴,主要功能包括:

(1)可实现对相互位置精度要求很高的孔系加工的点位控制功能。

(2)具有实现直线与圆弧插补功能的连续轮廓控制功能。

(3)具有刀具半径补偿功能,此功能可以根据零件轮廓的标注尺寸来编程,而不必考虑所用刀具的实际半径尺寸,从而减少编程时的复杂数值计算。

(4)具有刀具长度补偿功能,此功能可以自动补偿刀具的长短,以适应加工中对刀具长度尺寸的调整要求。

(5)具有子程序调用功能,有些零件需要在不同的位置上重复加工同样的轮廓形状,将这一轮廓形状的加工程序作为子程序,在需要的位置上重复调用,以简化程序的编制。

另外还有循环加工及旋转、比例(放大或缩小)、镜像(对称)加工等功能。

5.2　基本编程指令

5.2.1　进给速度控制指令

1.每分钟进给量 G94

指令格式:G94 F ＿＿

例如:G94 F100　表示进给量为 100mm/min。

2.每转进给量 G95

指令格式:G95 F ＿＿

例如:G95 F0.6 表示进给量为 0.6mm/r,即主轴每转过 1 转,刀具进给 0.6mm。

5.2.2　刀具功能指令

在具有自动换刀功能的加工中心上,使用刀具功能指令,实现选刀的功能。一般用 T 后面跟两位数字表示。

指令格式:T××

如 T02,表示选出第 2 把刀具,准备换到机床主轴上。

5.2.3　刀具补偿指令

1.刀具半径补偿指令 G41、G42、G40

当加工如图 5.9 所示的零件轮廓时,由于刀具半径尺寸的影响,刀具中心轨迹与零件轮廓不再重合,而刀具中心轨迹是零件轮廓的等距曲线,等距值为刀具半径。当数控系统具有刀具半径补偿功能时,我们就可以直接按零件轮廓进行编程,等距曲线的计算由数控系统来完成。如果数控系统不具有刀具半径补偿功能时,就必须按刀具中心轨迹进行编程,计算往往比较复杂,尤其对于复杂曲线类零件轮廓手工几乎无法完成计算,需借助计算机来完成。

一般而言,刀具半径补偿功能具有如下几方面的作用:(1)用圆形刀具加工零件轮廓时,使用刀具补偿功能可简化程序编制过程;(2)使用刀具半径补偿功能,为精加工留出半径方向的加工余量,通过修改补偿值,可实现用精加工程序完成粗加工工艺的目的;(3)补偿由于刀具磨损等因素造成的加工误差,提高零件的加工精度。

G41 为刀具半径左补偿,定义为假设工件不动,沿刀具运动方向向前看,刀具位于零件左侧的刀具半径补偿,如图 5.10 所示。

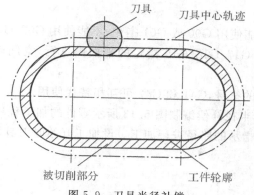

图 5.9　刀具半径补偿

G42 为刀具半径右补偿,定义为假设工件不动,沿刀具运动方向向前看,刀具位于零件右侧的刀具半径补偿,如图 5.11 所示。

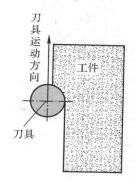

图 5.10　刀具半径左补偿

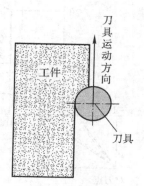

图 5.11　刀具半径右补偿

G40 为撤销刀具补偿指令。

指令格式:G00/G01 X __ Y __ Z __ G41/G42 H __

X、Y、Z 为建立刀具半径补偿线段的终点坐标值。H 为刀具偏置代号地址字,后面一般用两位数字表示。刀具偏置(补偿)号对应的半径补偿值可通过 CRT/MDI 方式输入。

如图 5.12 所示,在执行半径补偿过程中,刀具的运动轨迹经过三个阶段,即建立刀补、刀补进行和取消刀补。建立刀补和取消刀补阶段,应该在刀具没有切削零件轮廓的过程中进行,而刀补进行阶段是有效的切削过程。

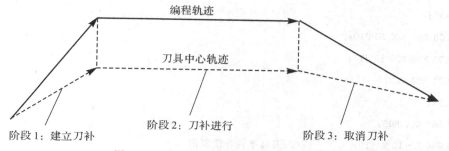

图 5.12　半径补偿过程中刀具的运动轨迹

注意事项：

（1）建立半径补偿只能使用 G00 或 G01 指令，不能使用 G02、G03 指令。

（2）半径补偿只能在 G17/G18/G19 指定的平面内进行，空间轨迹不能使用 G41/G42 进行半径补偿。

（3）通过改变偏置量的符号，G41 和 G42 可互相替代使用。

【例 5.1】 考虑刀具半径补偿编制图 5.13 所示零件的加工程序，工件坐标系和对刀点位置如图所示，按箭头所指示的路径进行加工。设加工开始时刀具距离工件上表面 50mm，切削深度为 10mm。

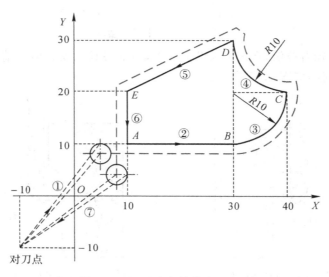

图 5.13 刀具半径补偿编程实例

程序编制如下：

O1008;	程序号
N10 G92 X－10 Y－10 Z50;	建立工件坐标系
N30 G42 G90 G00 X4 Y10 H01;	刀具半径补偿建立
N40 Z2 M03 S900;	
N50 G01 Z－10 F80;	
N60 X30;	
N70 G03 X40 Y20 I0 J10;	
N80 G02 X30 Y30 I0 J10;	
N90 G01 X10 Y20;	
N100 Y5;	
N110 G00 Z50 M05;	
N120 G40 X－10 Y－10;	刀具半径补偿取消
N130 M30;	程序结束

2. 刀具长度补偿指令 G43、G44、G49

刀具长度补偿指令一般用于刀具沿轴向（Z 方向）的补偿。当加工过程中所使用的刀具长度不同时，或者为了补偿由刀具沿轴向尺寸变化而引起的加工误差时，可通过使用刀具长度补偿指令来简化加工程序的编制。当被加工零件不变，而刀具尺寸发生变化时，只需修改刀具长度补偿量即可，而不需要修改加工程序。

G43 为刀具长度正补偿，即 Z 坐标实际移动的坐标值为将 Z 坐标尺寸字与刀具长度补偿值相加所得的量。

G44 为刀具长度负补偿，即 Z 坐标实际移动的坐标值为将 Z 坐标尺寸字与刀具长度补偿值相减所得的量。如图 5.14 所示。

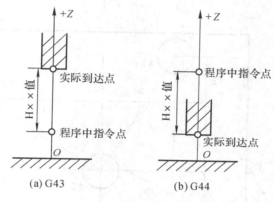

图 5.14　刀具长度补偿

G49 为撤销刀具长度补偿。

指令格式：

$$\begin{Bmatrix} G17 \\ G18 \\ G19 \end{Bmatrix} \begin{Bmatrix} G43 \\ G44 \\ G49 \end{Bmatrix} \begin{Bmatrix} G00 \\ G01 \end{Bmatrix} X \_\_ Y \_\_ Z \_\_ H \_\_$$

X、Y、Z 为 G00/G01 的参数即刀补建立或取消的终点，H 为 G43/G44 的参数即刀具长度补偿偏置号（H00～H99），它代表了刀补表中对应的长度补偿值。

G43、G44、G49 是模态代码，可相互注销。

在 G17 的情况下，刀具补偿指令 G43 和 G44 只用于 Z 轴的补偿，而对 X 轴和 Y 轴无效。格式中的 Z 值是程序中的指令值，而执行 G43 指令时，如图 5.14(a) 所示，刀具沿 Z 轴实际到达的位置是：

$$Z_{实际值} = Z_{指令值} + (H \times \times)$$

执行 G44 指令时，如图 5.14(b) 所示，刀具沿 Z 轴实际到达的位置是：

$$Z_{实际值} = Z_{指令值} - (H \times \times)$$

【例 5.2】　考虑刀具长度补偿，编制如图 5.15 所示零件的加工程序。工件坐标系和起刀点位置如图所示。按箭头所指示的路径进行加工。

程序编制如下：

O1050；

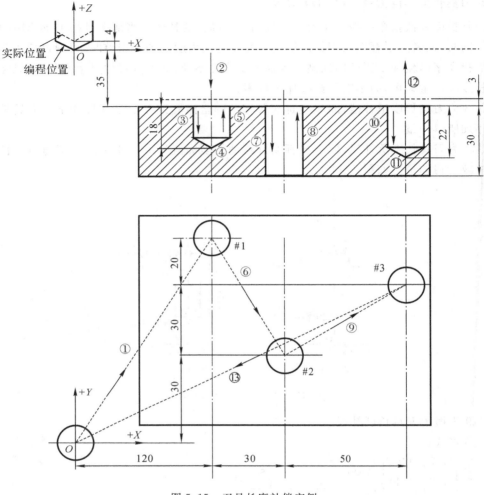

图 5.15   刀具长度补偿实例

N10 G92 X0 Y0 Z0;	设定工件坐标系
N20 G91 G00 X120 Y80 S600 M03;	增量值编程,快速定位至1#孔
N30 G43 Z－32 H01;	Z向下刀,并进行长度补偿
N40 G01 Z－21 F300;	钻1#孔
N50 G04 X2;	暂停2秒
N60 G00 Z21;	退至工件上表面3mm处
N70 X30 Y－50;	快速定位至2#孔
N80 G01 Z－41;	钻2#孔
N90 G00 Z41;	退回
N100 X50 Y30;	快速定位至3#孔
N110 G01 Z－25;	钻3#孔

N120 G04 X2；

N130 G00 G49 Z57；　　　　　　　　　　撤销长度补偿，Z 向返回起刀点

N140 X－200 Y－60 M05；　　　　　　　　X、Y 向回起刀点

N150 M30；　　　　　　　　　　　　　　程序结束

5.2.4　辅助功能指令

1. 换刀指令

在 FANUC 0i-md 系统中，使用 M06 指令进行换刀。

例如 T02 M06 表示，将 2 号刀具从机床刀库换到机床主轴上。

2. 子程序调用指令

在一个加工程序中，如果有多个程序段完全相同即一个零件中有几处相同的几何形状，为缩短程序，可将这些重复的程序段按规定的程序格式编成子程序，通过子程序调用指令多次调用。

子程序调用格式：M98 P×××（调用次数）××××（子程序号）

例如：M98 P0051002 表示调用 1002 号子程序 5 次，调用次数为 1 时可省略。

子程序的格式如下：

O××××；

G92 X0 Y0 Z50；

G91 G01 X100 Y50 F200 M03 S500；

……；

M99；　子程序结束，返回主程序

M99 的几种用法：

（1）当子程序以 M99 结束时，子程序结束并返回到调用子程序指令后面的程序段。

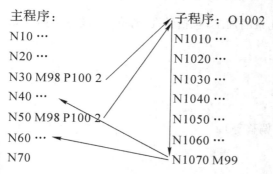

（2）当子程序以 M99 P××××结束时，子程序结束并返回到××××程序段。

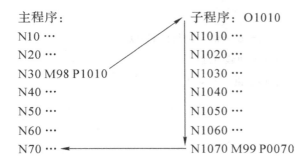

```
主程序：                    子程序：O1010
N10…                      N1010…
N20…                      N1020…
N30 M98 P1010             N1030…
N40…                      N1040…
N50…                      N1050…
N60…                      N1060…
N70…                      N1070 M99 P0070
```

（3）当子程序作为主程序运行时，运行到 M99 时，返回到程序起点。

3. 刚性攻丝指令

刚性攻丝又称同步进给攻丝，刚性攻丝将使主轴旋转与进给同步化，以匹配特定的螺纹节距需要。在 FANUC 0i-md 系统中，刚性攻丝指令为 M29。

指令格式：M29 S ___

使用此指令后，机床进入刚性攻丝模式。在此模式下，Z 轴的进给和主轴转速建立起严格的比例关系即进给速度 F、主轴转速 S 及螺纹导程 t 之间将满足如下关系：$F/S=t$。

5.3 固定循环指令

在数控加工过程中，对于一些走刀路径固定、执行连续的动作，如果用基本指令编写加工程序，则需要多条程序段。为了简化程序的编制，数控系统针对这些有规律的走刀方式，提供了固定循环指令，一条含有固定循环指令的程序段可以替代多条由基本指令组成的程序段。

5.3.1 固定循环指令概述

数控铣床的固定循环指令主要用于孔系的加工，包括钻孔、镗孔、攻丝等。如图 5.16 所示，这些循环指令通常包含 6 个基本动作：

（1）X、Y 平面定位。

（2）快速移动到 R 平面（参考平面）。

（3）孔加工。

（4）在孔底的动作（如主轴暂停、反向偏移等）。

（5）退回到 R 平面。

（6）快速返回到初始点。

指令格式：

$$\left\{\begin{matrix}G90\\G91\end{matrix}\right\}\left\{\begin{matrix}G98\\G99\end{matrix}\right\}G\_\_\ X\_\_\ Y\_\_\ Z\_\_\ R\_\_\ Q\_\_\ P\_\_\ F\_\_\ K\_\_$$

说明：

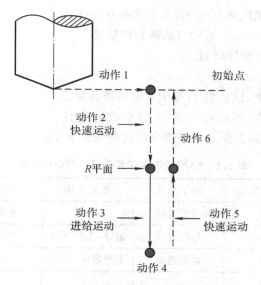

图 5.16　固定循环的基本动作

G90/G91 数据方式。与 Z 值数据有关,当使用 G90 时,Z 值为孔底坐标;当使用 G91 时,Z 值为 R 平面到孔底的距离,如图 5.17 所示。

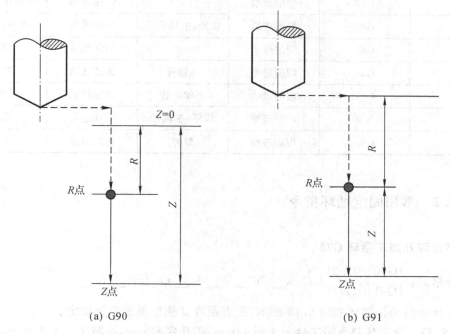

(a) G90　　　　　　　　　　　　(b) G91

图 5.17　使用 G90 与 G91 时的区别

G98 表示返回初始平面,G99 表示返回 R 点平面。

G ＿表示固定循环代码,G73～G89。

X、Y 表示孔位坐标。

R 表示初始点到 R 点的距离(G91)或 R 点的坐标(G90)。

Z 表示 R 点到孔底的距离(G91)或孔底坐标(G90)。

Q 表示每次进给深度(G73/G83),始终为增量值。

P 表示刀具在孔底的暂停时间。

F 表示切削进给速度。

K 表示固定循环次数,默认为1,等于 0 时不执行加工。

固定循环是模态指令,可由 G80 或 01 组 G 代码取消。

FANUC 系统中,孔加工固定循环指令的功能见表 5.1。

表 5.1　FANUC 孔加工固定循环指令一览表

序　号	G 代码	加工动作	孔底动作	退刀动作	用　途
1	G73	间歇进给	—	快速进给	高速深孔加工
2	G74	切削进给	暂停,主轴正转	切削进给	攻左旋螺纹
3	G76	切削进给	主轴定向,让刀	快速进给	精镗孔
4	G80	—	—	—	取消固定循环
5	G81	切削进给		快速进给	钻孔
6	G82	切削进给	暂停	快速进给	钻、镗阶梯孔
7	G83	切削进给		快速进给	排屑深孔加工
8	G84	切削进给	暂停,主轴正转	切削进给	攻右旋螺纹
9	G85	切削进给	—	切削进给	镗孔
10	G86	切削进给	主轴停	快速进给	镗孔
11	G87	切削进给	主轴正转	快速进给	反镗孔
12	G88	切削进给	暂停,主轴停	手动进给	镗孔
13	G89	切削进给	暂停	切削进给	镗孔

5.3.2　常用固定循环指令

1. 高速深孔加工循环 G73

指令格式:$\begin{Bmatrix} G90 \\ G91 \end{Bmatrix} \begin{Bmatrix} G98 \\ G99 \end{Bmatrix}$ G73 X ＿ Y ＿ Z ＿ R ＿ Q ＿ F ＿ K ＿

G73 指令的动作循环如图 5.18 所示,回退距离 d 值由系统参数设定。

【例 5.3】　设刀具起点距工件上表面42mm,距孔底80mm,在距工件上表面2mm 处(R 点)由快进转换为工进,每次进给深度10mm,每次退刀距离5mm。程序如下(Z 向原点设在孔底):

```
O0073;
N10 G92 X0 Y0 Z80;
N20 M03 S600;
```

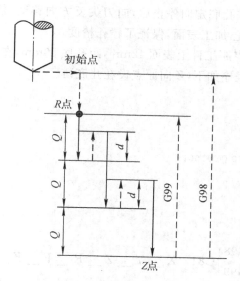

图 5.18　G73 动作循环

N30 G90 G98 G73 X100 Z0 R40 Q-10 F100；

N40 G00 X0 Y0 Z80；

N50 M05；

N60 M30；

2. 精镗循环 G76

指令格式：$\begin{Bmatrix} G90 \\ G91 \end{Bmatrix} \begin{Bmatrix} G98 \\ G99 \end{Bmatrix}$ G76　X__ Y__ Z__ R__ Q__ F__ K__

G76 指令的动作循环如图 5.19 所示，图中 Q 为刀尖反向位移量，位移方向可为 $+X$、$-X$、$+Y$、$-Y$ 之一，由系统参数设定。

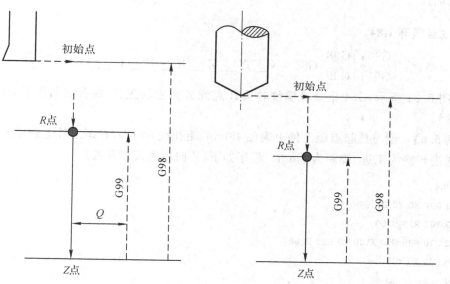

图 5.19　G76 动作循环　　　　　　　　　　图 5.20　G81 动作循环

G76 精镗孔时,主轴在孔底定向停止后,向刀尖反方向移动,然后快速退刀。这种带有让刀的退刀方式不会划伤已加工表面,保证了镗孔精度。

【例 5.4】 设刀具起点距工件上表面 42mm,距孔底 50mm,在距工件上表面 2mm 处(R点)由快进转换为工进。程序如下(Z 向原点设在孔底):

```
O0076;
N01 G92 X0 Y0 Z50;
N02 G91 G99 M03 S600;
N03 G76 X100 Z-10 R-40 Q6 F100;
N04 G90 G00 X0 Y0 Z50;
N05 M30;
```

3. 定点钻孔循环 G81

指令格式:$\begin{Bmatrix} G90 \\ G91 \end{Bmatrix} \begin{Bmatrix} G98 \\ G99 \end{Bmatrix}$ G81 X__ Y__ Z__ R__ F__ K__

G81 指令钻孔动作循环如图 5.20 所示,包括 X、Y 坐标定位、快进、工进和快速返回等动作。

【例 5.5】 设刀具起点距工件上表面 42mm,距孔底 50mm,在距工件上表面 2mm 处(R点)由快进转换为工进。程序如下(Z 向原点设在孔底):

```
O0081;
N10 G92 X0 Y0 Z50;
N20 M03 S600;
N30 G90 G99 G81 X100 Z0 R10 F200;
N40 G00 X0 Y0 Z50;
N50 M05;
N60 M30;
```

4. 攻丝循环 G84

指令格式:$\begin{Bmatrix} G90 \\ G91 \end{Bmatrix} \begin{Bmatrix} G98 \\ G99 \end{Bmatrix}$ G84 X__ Y__ Z__ R__ F__ K__

如图 5.21 所示,G84 指令攻螺纹时从 R 点到 Z 点主轴正转,在孔底暂停后,主轴反转,然后退回。

【例 5.6】 设刀具起点距工件上表面 48mm,距孔底 60mm,在距工件上表面 8mm 处(R点)由快进转换为工进,螺距为 2mm。程序如下(Z 向原点设在孔底):

```
O0084;
N10 G92 X0 Y0 Z60;
N20 M03 M29 S100;
N30 G90 G98 G84 X100 Z0 R20 F200;
N40 G00 X0 Y0;
N50 M05;
N60 M30;
```

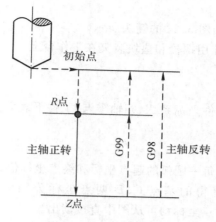

图 5.21　G84 动作循环

5.4　编程实例

1. 数控铣床编程实例

编制如图 5.22 所示凸轮外轮廓的数控铣削精加工程序。零件材料 45♯钢。

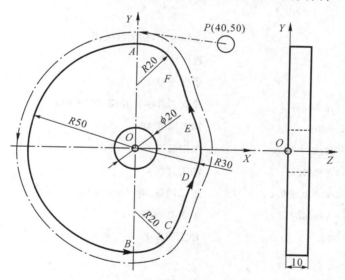

图 5.22　数控铣床编程实例

（1）根据图纸要求，确定加工工艺

①加工方式：立铣。

②加工设备和材料：XK713 铣床和 120mm×100mm×10mm 板材。

③加工刀具：直径 ϕ12 的立铣刀。

④切削用量：参照《工艺设计手册》等资料，选择主轴转速 600rpm，进给速度

50mm/min。

⑤走刀路线:走刀路线如图5.22的箭头所示。

⑥定位夹紧:通过 φ20 孔用螺栓和垫块装夹在工作台上。

(2)加工程序编制

①确定工件坐标系

选择 φ20 圆的圆心为工件坐标系 X、Y 轴零点,工件下表面为 Z 轴零点,建立工件坐标系如图5.22所示。

②数学处理

在编制程序之前要计算每一圆弧的起点坐标和终点坐标值,有了坐标值方能正式编程。计算过程此处不再赘述,算得的基点 C、D 两点坐标分别为:$C(18.856, -36.667)$,$D(28.284, -10.000)$,其余各点坐标均可从图中直接读出。

③零件程序编制

O1000;	程序号
N10 G90 G54 G00 X40 Y50 Z35;	建立工件坐标系G54,快速进给至点P
N20 S600 M03;	主轴正转,转速 600r/min
N30 G01 Z5 F50 M07;	Z轴进给至 Z5
N40 M98 P2000;	调用子程序 2000
N50 Z−1;	
N60 M98 P2000;	
N70 M05 M09;	主轴停止,切削液关闭
N80 M30;	程序结束
O2000;	子程序号
N10 G42 G01 X0 Y50 H01;	建立刀具半径补偿,H01 = 6mm
N20 G03 Y−50 J−50;	加工圆弧 AB
N30 X18.856 Y−36.667 R20;	加工圆弧 BC
N40 G01 X28.284 Y−10.0;	加工直线 CD
N50 G03 X28.284 Y10.0 R30.0;	加工圆弧 DE
N60 G01 X18.856 Y36.667;	加工直线 EF
N80 G03 X0 Y50 R20;	加工圆弧 FA
N80 G01 X−10;	
N90 G00 Z35;	
N100 G40 X40 Y50;	回到点 P
N110 M99;	子程序结束并返回主程序

2.加工中心编程实例

使用加工中心加工如图5.23所示零件的外轮廓,并钻♯1～♯8通孔。零件材料:5052铝合金板材。

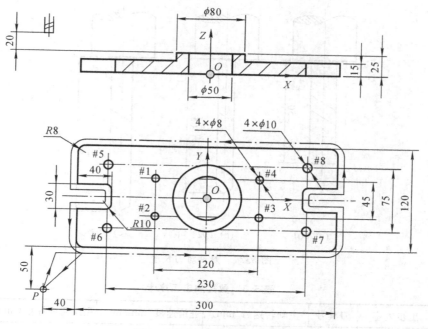

图 5.23　加工中心编程实例

（1）工艺分析

①选择加工刀具

根据对零件图样的分析,加工零件所选刀具如表 5.2 所示。各刀具的长度尺寸如图 5.24 所示。

表 5.2　数控加工刀具卡

序　号	刀具号	刀具名称及规格	加工对象	数　量	半径补偿号/补偿值	长度补偿号/补偿值
1	T01	φ12 立铣刀	外轮廓	1	H01/6	/
2	T02	φ8 麻花钻	φ8 孔	1	/	H02/15
3	T03	φ10 麻花钻	φ10 孔	1	/	H03/25

②确定走刀路线

外轮廓铣削的走刀路线如图 5.23 中的箭头所示。钻孔加工的走刀路线为♯1→♯2→♯3→♯4→♯5→♯6→♯7→♯8。

③编制数控加工工序卡

综合上述工艺分析结果,并参照《工艺设计手册》等资料,确定切削参数。编写的数控加工工序卡如表 5.3 所示。

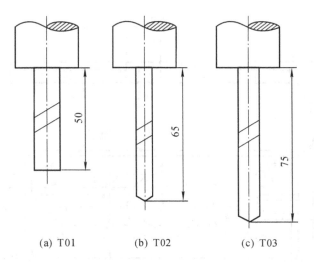

(a) T01   (b) T02   (c) T03

图 5.24   刀具对刀长度

表 5.3   数控加工工序卡

序 号	工步内容	刀具号	主轴转速(r/min)	进给速度(mm/min)	径向切削深度(mm)	备 注
1	铣外轮廓	T01	1000	100	2	
2	钻 φ8 孔	T02	900	80		
3	钻 φ10 孔	T03	850	90		

(2)加工程序的编制

①确定工件坐标系

选择 φ80 圆的圆心为工件坐标系 X、Y 轴零点,工件下表面为 Z 轴零点,建立工件坐标系如图 5.23 所示。

②程序编制

O1008;

N10 T01 M06;　　　　　　　　　　换 1 号刀

N20 G90 G54 G00 X − 190 Y − 110 Z45;　　选择 G54 坐标系,并快速定位到 P 点

N30 Z − 2 S1000 M03;　　　　　　　Z 向下刀

N40 G42 X − 170 Y − 60 H01;　　　　建立半径补偿

N50 G01 X142 F100;

N60 G03 X150 Y − 52 R8;

N70 G01 Y − 15;

N80 X120;

N90 G02 X110 Y − 5 R10;

N100 G01 Y5;

N110 G02 X120 Y15 R10;

N120 G01 X150；

N130 Y52；

N140 G03 X142 Y60 R8；

N150 G01 X－142；

N160 G03 X－150 Y52 R8；

N170 G01 Y15；

N180 X－120；

N190 G02 X－110 Y5 R10；

N200 Y－5；

N210 G02 X－120 Y－15 R10；

N210 G01 X－150；

N230 Y－52；

N240 G03 X－142 Y－60 R8；

N250 G00 G40 X－190 Y－110 M05；　　　取消半径补偿，并退回起刀点 P

N260 Z45；

N270 T02 M06；　　　换 2 号刀

N280 S900 M03；

N290 G43 G00 Z30 H02；　　　进行刀具长度补偿
N300 G99 G81 X－60 Y22.5 Z－5 R18 F80；　　　钻♯1 孔
N310 G98 Y－22.5；　　　钻♯2 孔

N320 G99 X60；　　　钻♯3 孔

N330 G98 Y22.5；　　　钻♯4 孔

N340 G00 X－190 Y－110 Z45 M05；　　　退回起刀点

N350 T03 M06；　　　换 3 号刀

N360 S850 M03；

N370 G43 G00 Z30 H03；　　　进行刀具长度补偿
N380 G99 G81 X－115 Y37.5 Z－5 R18 F90；　　　钻♯5 孔
N390 G98 Y－37.5；　　　钻♯6 孔

N400 G99 X115；　　　钻♯7 孔

N410 G98 Y37.5；　　　钻♯8 孔

N420 G00 X－190 Y－110 Z45 M05；　　　退回起刀点

N430 M30；　　　程序结束

5.5　基于 MasterCAM 的程序编制

在 MasterCAM 软件中,数控铣削编程部分主要包括以下几种刀具路径生成方法:
(1)二维零件加工(含平面铣削、2D 外形铣削、2D 挖槽等);(2)三维曲面加工(含平行铣削加工、放射状加工、流线加工、等高外形加工、挖槽加工等);(3)多轴加工(含四轴及五轴加工)。本节将以实例的形式重点介绍二维零件加工的刀具路径生成方法,简要介绍几种三维曲面刀具路径生成方法。

5.5.1　基于 MasterCAM 的编程步骤

应用 MasterCAM 编写数控铣床加工程序可按如下步骤进行:
(1)绘制用来定义被加工表面的图素(曲线、曲面或实体)。
(2)选择机床类型为铣床(mill)。
(3)设定工件坐标系。
(4)定义毛坯(Stock)形状与尺寸。
(5)生成刀具路径。
(6)选择刀具类型、设置相关参数。
(7)设置与走刀路径相关的参数并计算刀具路径。
(8)切削模拟。
(9)后置处理,生成数控程序。

5.5.2　编程实例

1. 平面及外形铣削编程实例

应用 MasterCAM 软件编写如图 5.25 所示零件顶面及外形铣削的数控加工程序,材料为 HT200,顶面及外形加工余量均为 8mm,零件厚度为 20mm。
(1)工艺分析
①工件坐标系 X、Y 轴及坐标原点如图 5.25 所示,Z 向原点设在零件上表面。
②加工刀具:直径 $\phi16$ 的立铣刀。
③工步划分及切削用量见表 5.4。

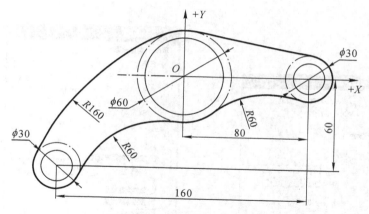

图 5.25　平面及外形铣削实例

表 5.4　数控加工工序卡

序　号	工步内容	刀具号	主轴转速(r/min)	进给速度(mm/min)	径向匹削深度(mm)	背吃刀量(mm)
1	粗铣外轮廓		1000	80	2.5	5
2	精铣外轮廓	T01	1000	80	0.5	5
3	粗铣顶面		1000	80	8	2
4	精铣顶面		1000	80	8	0.5

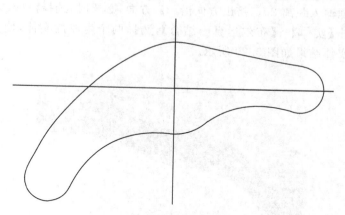

图 5.26　零件轮廓线

（2）绘制零件轮廓线

根据图 5.25 给出的零件尺寸,绘制图 5.26 所示的零件轮廓线,并将 φ60 圆的圆心【平移】到坐标原点(0,0,0)处,使该点成为工件坐标系的原点。

（3）选择机床类型

点击菜单【机床类型】→【铣床】→【默认】。

（4）定义毛坯形状与尺寸

①生成毛坯实体

点击菜单栏【转换】→【串联补正】,选择零件轮廓线,并在如图 5.27 所示的对话框中输入补正距离 8。

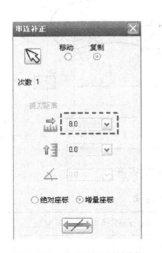

图 5.27 串联补正对话框   图 5.28 实体挤出对话框

在菜单栏点击【实体】→【挤出实体】，在图形区域选择补正后的零件轮廓曲线，在如图 5.28 所示的对话框中输入距离 8。挤出方向沿＋Z 方向，必要时，选择【更改方向】。

再次在菜单栏点击【实体】→【挤出实体】，在图形区域选择补正后的零件轮廓曲线，在【挤出实体】对话框输入距离 20。挤出方向沿－Z 方向，必要时，选择【更改方向】。

在菜单栏点击【实体】→【布尔运算－结合】，选择两个生成的实体，使其结合为一个实体。得到的毛坯实体结果如图 5.29 所示。

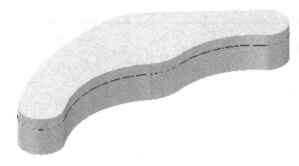

图 5.29 毛坯实体定义

②设置毛坯

在操作管理器中点击【材料设置】，在弹出的如图 5.30 所示的【机器群组属性】对话框【材料设置】选项卡中，【形状】栏选择【实体】，然后点击 在图形区域选择毛坯实体，点击 确定。

(5)生成刀具路径

①外形铣削

在菜单栏点击【刀具路径】→【外形铣削】，弹出【串联选项】对话框后，在图形区域选择如

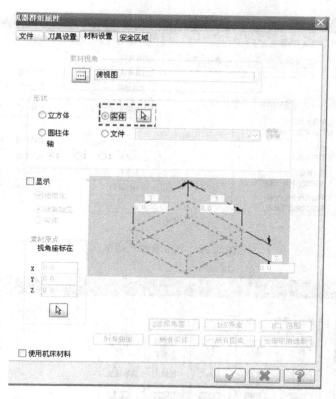

图 5.30 毛坯形状与尺寸定义

图 5.31 所示的曲线。

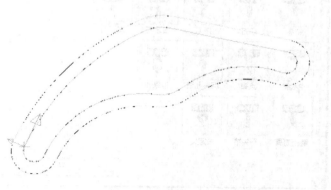

图 5.31 曲线串联

在弹出的如图 5.32 所示的【外形参数】对话框【刀具路径参数】选项卡左侧空白区域点右键。在弹出的菜单中,选择【创建新刀具】。在弹出的【定义刀具】对话框【类型】选项卡中选择【平底刀】(如图 5.33 所示)。在【平底刀】选项卡上输入如图 5.34 所示的参数。在【参数】选项卡上输入如图 5.35 所示的参数。

在【外形加工参数】选项卡中,设置如图 5.36 所示的参数。点击【XY 轴分层切削】和【Z 轴分层铣深】,设置如图 5.37 和 5.38 所示的参数。

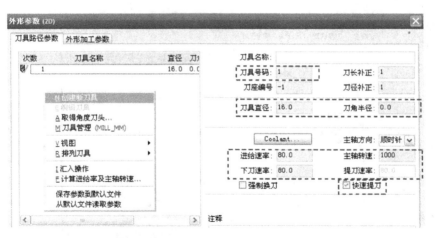

图 5.32　外形参数对话框

图 5.33　定义刀具对话框

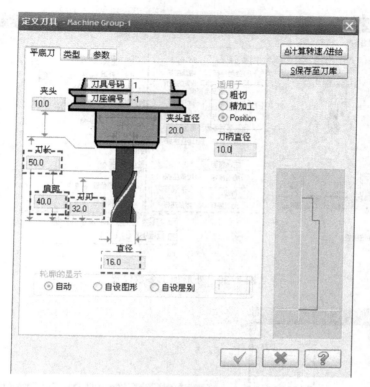

图 5.34　平底刀尺寸参数

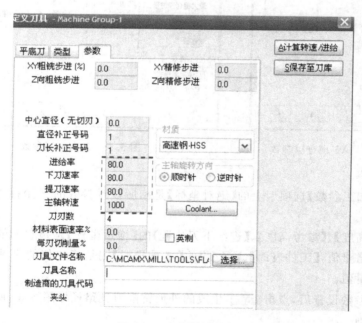

图 5.35　切削参数设置

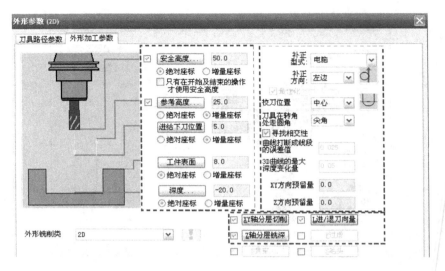

图 5.36　外形加工参数设置

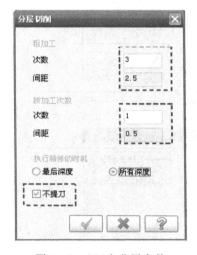

图 5.37　XY 向分层参数

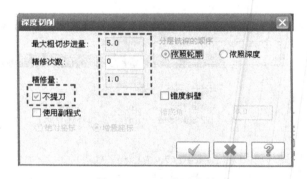

图 5.38　Z 向分层参数

注意事项：

（1）【外形加工参数】选项卡上的【绝对坐标】是指所设置参数的 Z 坐标为工件坐标系下的绝对坐标值。

（2）【安全高度】、【参考高度】、【进给下刀位置】的【增量坐标】是指它们的 Z 坐标相对于【工件表面】的增量值，【工件表面】、【深度】的【增量坐标】则是指它们的 Z 坐标相对于所选几何图形的增量值。

完成相关参数设置后，点击 ，生成的外形铣削刀具路径如图 5.39 所示。

②平面铣削

在菜单栏点击【刀具路径】→【平面铣】，弹出【串联选项】对话框后，在图形区域选择如图 5.40 所示的零件轮廓补正 8mm 后的曲线。

在弹出的【平面加工】对话框【刀具路径参数】选项卡上设置如图 5.41 所示的参数。

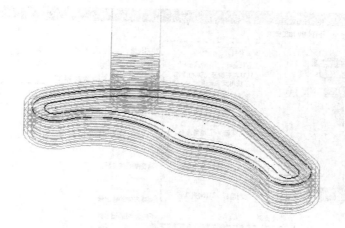

图 5.39　外形铣削刀具路径

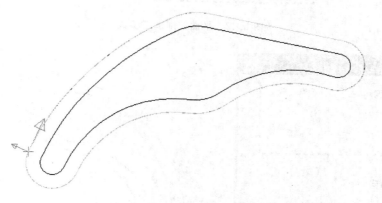

图 5.40　平面铣削串联选择

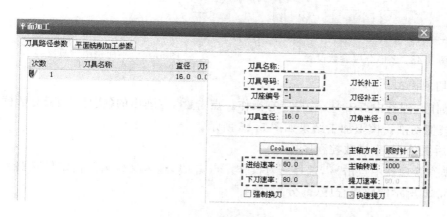

图 5.41　平面铣削刀具路径参数设置

　　在【平面铣削加工参数】选项卡上设置如图 5.42 所示的参数。点击【Z 轴分层铣深】,在弹出的对话框中设置如图 5.43 所示的参数。

　　完成相关参数设置后,点击 ✓ ,生成的平面铣削刀具路径如图 5.44 所示。

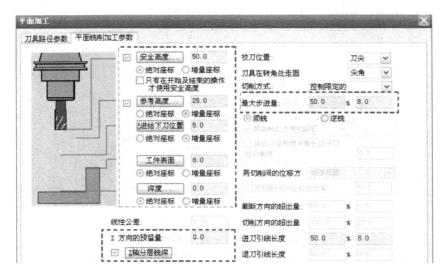

图 5.42 平面铣削加工参数

图 5.43 Z 向分层参数设置

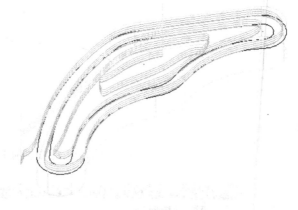

图 5.44 平面铣削刀具路径

（6）切削模拟

在操作管理器中点击 ，选择所有操作。点击 ，在弹出的【实体验证】对话框中，点击 开始模拟切削。模拟加工结果如图 5.45 所示。

（7）后置处理，生成数控程序

在操作管理器中点击 ，选择所有操作。点击 **G1**，输入文件名并指定保存路径后，可输出如图 5.46 所示的数控程序（部分）。

图 5.45　模拟加工结果

```
%
00001
N100 T1 M6
N102 G0 G90 G54
X-98.292 Y9.631 S1000
M3
N104 G43 H1 Z50.
N106 Z21.
N108 G1 Z3.333 F60.
N110 X-86.996 Y-1.7
N112 G3 X-64.368
Y-1.734 R16.
N114 G2 X-14.332
Y32.478 R165.5
N116 X6.656 Y34.87
R35.5
N118 G1 X83.844
Y20.136
N120 G2 X76.156
Y-20.136 R20.5
N122 X73.295 Y-19.372
R20.5
N124 G3 X21.879
Y-27.956 R54.501
N126 G2 X-4.328
Y-35.235 R35.5
N128 G3 X-61.132
Y-68.017 R54.5
N130 G2 X-98.868
Y-51.983 R20.501
N132 X-98.73 Y-51.668
R20.501
```

```
Y-32.754 R33.
N160 G3 X-63.433
Y-67.039 R57.
N162 G2 X-96.567
Y-52.961 R18.
N164 X-96.446
Y-52.684 R18.
N166 X-62.603 Y-3.504
R163.
N168 G3 X-62.569
Y19.123 R16.
N170 G1 X-73.866
Y30.454
N172 X-94.762 Y6.09
N174 X-83.465 Y-5.241
N176 G3 X-60.838
Y-5.275 R16.
N178 G2 X-12.313
Y27.904 R160.5
N180 X5.719 Y29.959
R30.5
N182 G1 X82.906
Y15.225
N184 G2 X77.094
Y-15.225 R15.5
N186 X74.93 Y-14.647
R15.5
N188 G3 X18.798
Y-24.019 R59.501
N190 G2 X-3.718
Y-30.272 R30.5
N192 G3 X-65.734
```

```
N218 X75.094 Y-14.175
R15.
N220 G3 X18.49
Y-23.625 R60.
N222 G2 X-3.657
Y-29.776 R30.
N224 G3 X-66.194
Y-65.866 R60.001
N226 G2 X-93.806
Y-54.134 R15.001
N228 X-93.705
Y-53.903 R15.001
N230 X-60.485 Y-5.629
R160.
N232 G3 X-60.451
Y16.999 R16.
N234 G1 X-71.748
Y28.329
N236 X-98.292 Y9.631
N238 Z-1.333
N240 X-86.996 Y-1.7
N242 G3 X-64.368
Y-1.734 R16.
N244 G2 X-14.332
Y32.478 R165.5
N246 X6.656 Y34.87
R35.5
N248 G1 X83.844
Y20.136
N250 G2 X76.156
Y-20.136 R20.5
N252 X73.295 Y-19.372
```

```
N278 X6.188 Y32.415
R33.
N280 G1 X83.375
Y17.681
N282 G2 X76.625
Y-17.681 R18.
N284 X74.113 Y-17.01
R18.
N286 G3 X20.339
Y-25.987 R57.
N288 G2 X-4.023
Y-32.754 R33.
N290 G3 X-63.433
Y-67.039 R57.
N292 G2 X-96.567
Y-52.961 R18.
N294 X-96.446
Y-52.684 R18.
N296 X-62.603 Y-3.504
R163.
N298 G3 X-62.569
Y19.123 R16.
N300 G1 X-73.866
Y30.454
N302 X-94.762 Y6.09
N304 X-83.465 Y-5.241
N306 G3 X-60.838
Y-5.275 R16.
N308 G2 X-12.313
Y27.904 R160.5
N310 X5.719 Y29.959
R30.5
```

图 5.46　后置处理后的数控加工程序(部分)

2. 型腔铣削编程实例

应用 MasterCAM 软件编写如图 5.47 所示零件内轮廓铣削的数控加工程序,材料为尼龙。

(1)工艺分析

①工件坐标系设置如图 5.47 中的 $OXYZ$ 坐标系。

②加工刀具:直径 $\phi12$ 的立铣刀(T01)和直径 $\phi6$ 的立铣刀(T02)。

从图 5.47 可以看出,内轮廓凹区域处最小半径为 R3,加工此圆角时刀具直径不应超过

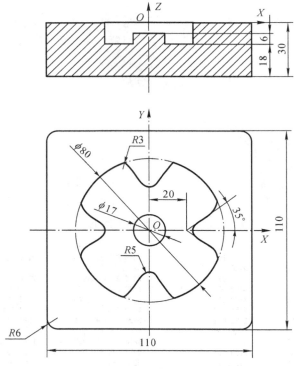

图 5.47　型腔铣削实例

6mm。若整个内轮廓区域加工全部用 $\phi6$ 立铣刀加工,则效率太低。因此,如图 5.48 所示,可将 $R3$ 圆弧区域的圆角半径放大,首先用 $\phi12$ 立铣刀加工图中阴影部分的区域,然后再采用 $\phi6$ 立铣刀加工剩余材料。

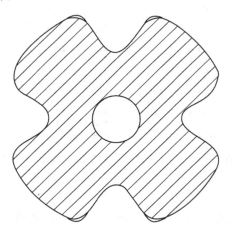

图 5.48　$\phi12$ 立铣刀加工区域

③工步划分及切削用量见表 5.5。

表 5.5　数控加工工序卡

序　号	工步内容	刀具号	主轴转速(r/min)	进给速度(mm/min)	径向切削深度(mm)	轴向切削深度(mm)
1	粗铣内轮廓	T01	1000	120	6	3
2	精铣内轮廓		1000	120	0.5	0.5
3	粗铣 R3 区域	T02	800	50	3	3
3	精铣 R3 区域		800	50	0.5	0.5

（2）绘制零件轮廓线

根据图 5.47 给出的零件尺寸,绘制图 5.49 所示的零件轮廓线,并将 φ80 圆的圆心"平移"到坐标原点(0,0,0)处,使该点成为工件坐标系的原点。

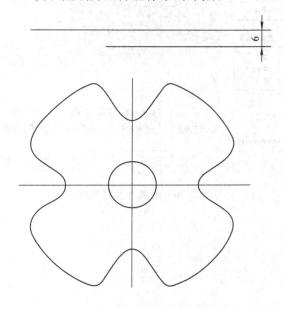

图 5.49　零件轮廓线

（3）选择机床类型

点击菜单【机床类型】→【铣床】→【默认】。

（4）定义毛坯形状与尺寸

在操作管理器中点击【材料设置】,在弹出的如图 5.50 所示的【机器群组属性】对话框【材料设置】选项卡中,【形状】栏选择【立方体】,其余参数设置如图所示,点击 ✔ 确定。

（5）生成刀具路径

①型腔铣削

在菜单栏点击【刀具路径】→【标准挖槽】,弹出【串联选项】对话框后,在图形区域选择如图 5.51 所示的曲线。

在弹出的如图 5.52 所示的【挖槽】对话框【刀具路径参数】选项卡左侧空白区域点右键。在弹出的菜单中,选择【创建新刀具】。在弹出的【定义刀具】对话框【类型】选项卡中选择【平底刀】(如图 5.53 所示)。在【平底刀】选项卡上输入如图 5.54 的参数。在【参数】选项卡上

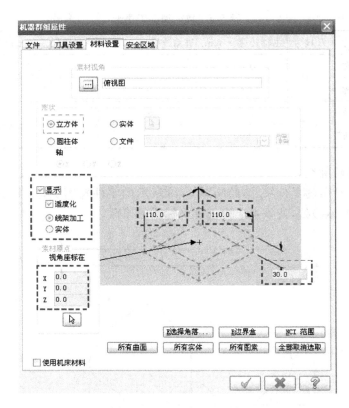

图 5.50 毛坯定义对话框

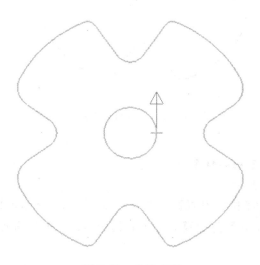

图 5.51 曲线串联

输入如图 5.55 所示的参数。

在【2D 挖槽参数】选项卡中,设置如图 5.56 所示的参数。点击【Z 轴分层铣深】,设置如图 5.57 所示的参数。

在【精修参数】选项卡中,设置如图 5.58 所示的参数。

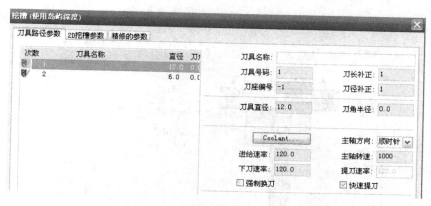

图 5.52 挖槽参数设置对话框

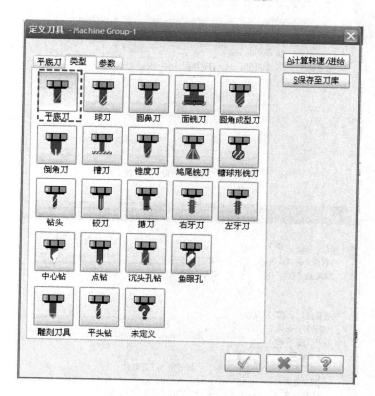

图 5.53 定义刀具对话框

完成相关参数设置后,点击 ✓ ,生成的型腔铣削刀具路径如图 5.59 所示。

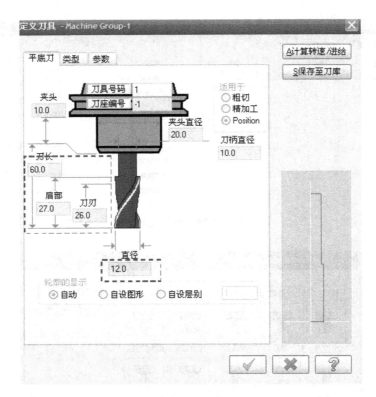

图 5.54　平底刀尺寸参数

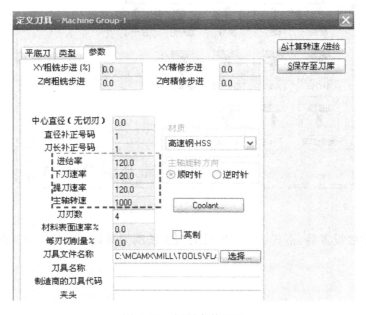

图 5.55　切削参数设置

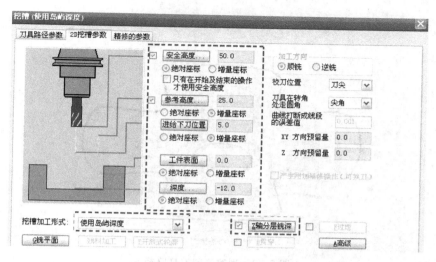

图 5.56 2D 挖槽参数设置

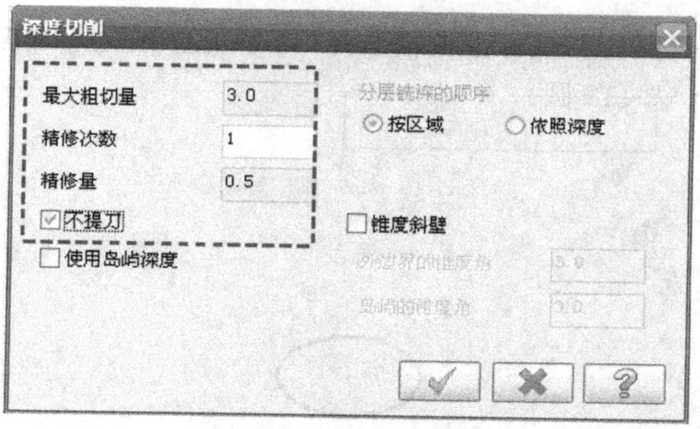

图 5.57 Z 向分层参数

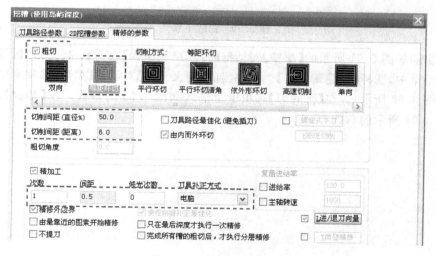

图 5.58 精修参数设置

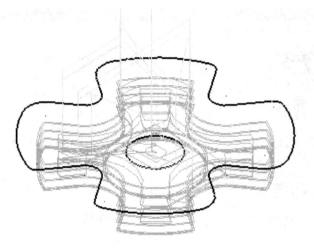

图 5.59　型腔铣削刀具路径

②残料铣削

在菜单栏点击【刀具路径】→【标准挖槽】,弹出【串联选项】对话框后,在图形区域选择如图 5.60 所示的曲线(不选 φ17 圆)。

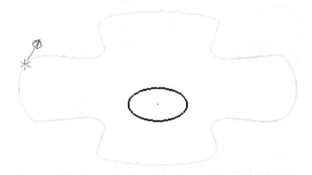

图 5.60　曲线串联

在弹出的如图 5.61 所示的【挖槽】对话框【刀具路径参数】选项卡左侧空白区域点右键,在弹出的菜单中,选择【创建新刀具】。在弹出的【定义刀具】对话框【类型】选项卡中选择【平底刀】(如图 5.62 所示)。在【平底刀】选项卡上输入如图 5.63 的参数。在【参数】选项卡上输入如图 5.64 所示的参数。

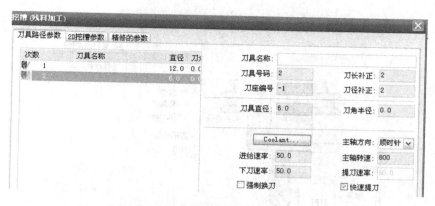

图 5.61　挖槽参数设置对话框

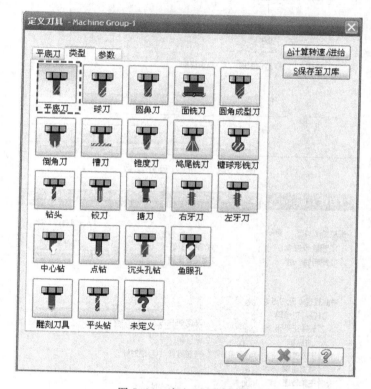

图 5.62　定义刀具对话框

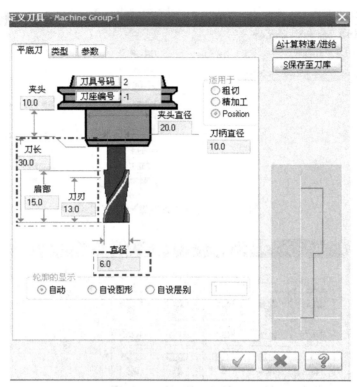

图 5.63　平底刀尺寸参数

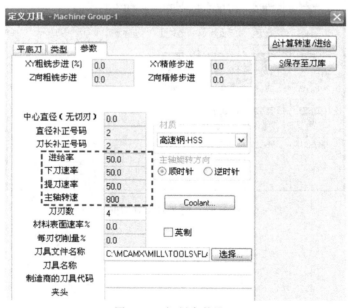

图 5.64　切削参数设置

　　在【2D 挖槽参数】选项卡中,设置如图 5.65 所示的参数。点击【Z 轴分层铣深】,设置如图 5.66 所示的参数。

　　在【精修参数】选项卡中,设置如图 5.67 所示的参数。

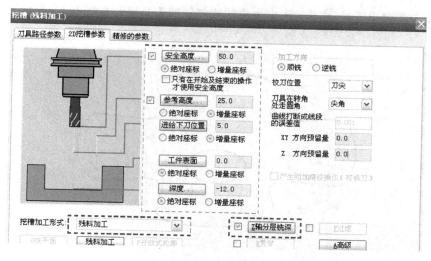

图 5.65　2D 挖槽参数设置

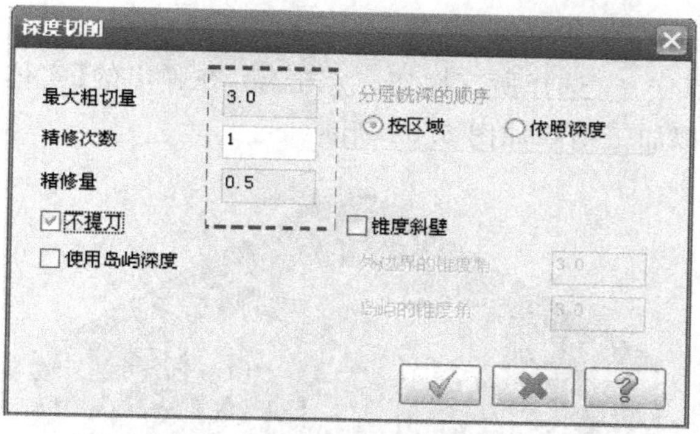

图 5.66　铣刀设置

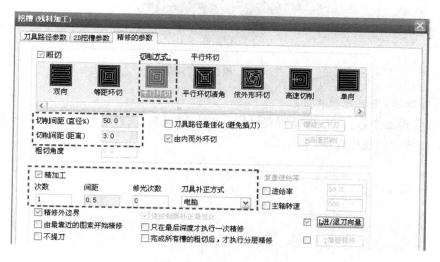

图 5.67　精修参数设置

完成相关参数设置后,点击 ✔ ,生成的残料铣削刀具路径如图 5.68 所示。

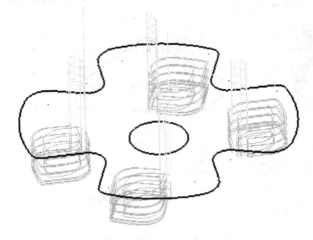

图 5.68　残料铣削刀具路径

(6)切削模拟

在操作管理器中点击 ✔ ,选择所有操作。点击 ⬡ ,在弹出的【实体验证】对话框中,点击
▶ 开始模拟切削。模拟加工结果如图 5.69 所示。

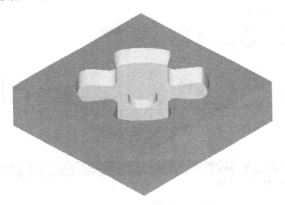

图 5.69　模拟加工结果

(7)后置处理,生成数控程序

在操作管理器中点击 ✔ ,选择所有操作。点击 **G1** ,输入文件名并指定保存路径后,可输
出如图 5.70 所示的数控程序(部分)。

```
%
O0010
N100 T1 M6
N102 G0 G90 G54 X-.6 Y-.739
S1000 M3
N104 G43 H1 Z50.
N106 Z5.
N108 G1 Z-2.875 F120.
N110 X.499
N112 X.55 Y.011
N114 X-.55
N116 X-.6 Y-.739
N118 X-7.018 Y-6.739
N120 X7.3
N122 X6.308 Y-3.739
N124 X7.024 Y6.761
N126 X-7.307
N128 X-6.311 Y3.761
N130 X-7.018 Y-6.739
N132 X-17.097 Y-22.489
N134 X-16.087
N136 X-12.199 Y-17.239
N138 X-6.977 Y-13.489
N140 X-.859 Y-11.989
N142 X5.027 Y-12.739
N144 X10.589 Y-15.739
N146 X16.087 Y-22.489
N148 X17.097
N150 X22.938 Y-16.489
N152 X18.787 Y-13.489

N204 G3 X29.792 Y-15.319 R33.5
N206 X29.634 Y-14.681 R.5
N208 G1 X22.121 Y-9.42
N210 G2 X17.217 Y0. R11.5
N212 X22.121 Y9.42 R11.5
N214 G1 X29.634 Y14.681
N216 G3 X29.792 Y15.319 R.5
N218 X23.688 Y23.688 R33.5
N220 X14.93 Y29.989 R33.5
N222 G1 X9.42 Y22.121
N224 G2 X-9.42 R11.5
N226 G1 X-14.93 Y29.989
N228 G3 X-29.792 Y15.319 R33.5
N230 X-29.634 Y14.681 R.5
N232 G1 X-22.121 Y9.42
N234 G2 Y-9.42 R11.5
N236 G1 X-29.634 Y-14.681
N238 G3 X-29.792 Y-15.319 R.5
N240 X-14.93 Y-29.989 R33.5
N242 G1 X-9.42 Y-22.121
N244 G0 Z22.125
N246 X-13.233 Y27.566
N248 Z5.
N250 G1 Z-2.875
N252 G3 X-23.731 Y24.349 R12.
N254 X-30.237 Y15.548 R34.001
N256 X-29.921 Y14.271 R1.
N258 G1 X-22.408 Y9.011
N260 G2 Y-9.011 R11.
N262 G1 X-29.921 Y-14.271

N312 X.55 Y.011
N314 X-.55
N316 X-.6 Y-.739
N318 X-7.018 Y-6.739
N320 X7.3
N322 X6.308 Y-3.739
N324 X7.024 Y6.761
N326 X-7.307
N328 X-6.311 Y3.761
N330 X-7.018 Y-6.739
N332 X-17.097 Y-22.489
N334 X-16.087
N336 X-12.199 Y-17.239
N338 X-6.977 Y-13.489
N340 X-.859 Y-11.989
N342 X5.027 Y-12.739
N344 X10.589 Y-15.739
N346 X16.087 Y-22.489
N348 X17.097
N350 X22.938 Y-16.489
N352 X18.787 Y-13.489
N354 X14.134 Y-8.239
N356 X12.118 Y-2.239
N358 X12.586 Y4.511
N360 X15.875 Y10.511
N362 X22.923 Y16.511
N364 X18.015 Y21.761
N366 X18.102 Y22.511
N368 X12.219 Y17.261
N370 X7.023 Y13.511
```

图 5.70　后置处理后的数控加工程序

3. 三维曲面铣削编程实例

应用 MasterCAM 软件编写如图 5.71 所示零件内轮廓铣削的数控加工程序,材料为铝合金 6061。

（1）工艺分析

①工件坐标系设置如图 5.71 所示的 $OXYZ$ 坐标系。

②加工所用刀具见表 5.6。

表 5.6　数控加工刀具卡

序　号	刀具号	刀具名称及规格	加工表面	数　量	长度补偿号
1	T01	φ16 环形刀（角半径 R1）	全部轮廓	1	01
2	T02	φ12 球头刀	全部轮廓	1	02
3	T03	φ10 环形刀（角半径 R2）	底部槽	1	03

③工步划分及切削用量见表 5.7。

表 5.7　数控加工工序卡

序　号	工步内容	刀具号	主轴转速(r/min)	进给速度(mm/min)	径向切削深度(mm)	轴向切削深度(mm)
1	粗铣内轮廓	T01	900	80	12	5
2	精铣内轮廓	T02	1000	60	1.5	0.5
3	精铣底部槽	T03	1000	60	5	0.5

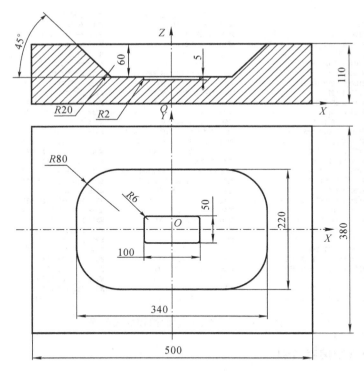

图 5.71　三维曲面铣削编程实例

（2）三维建模

根据图 5.71 给出的零件尺寸，建立被加工表面的曲面模型或三维实体模型，并将图 5.71 所示的 O 点"平移"到坐标原点(0,0,0)处，使该点成为工件坐标系的原点。零件的三维实体模型如图 5.72 所示。

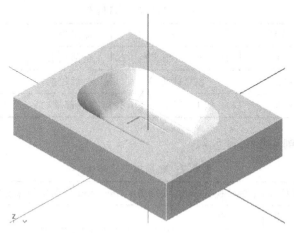

图 5.72　零件三维实体模型

（3）选择机床类型

点击菜单【机床类型】→【铣床】→【默认】。

（4）定义毛坯形状与尺寸

在操作管理器中点击【材料设置】，在弹出的如图 5.73 所示的【机器群组属性】对话框【材料设置】选项卡中，【形状】栏选择【立方体】，其余参数设置如图所示，点击 ✔ 确定。

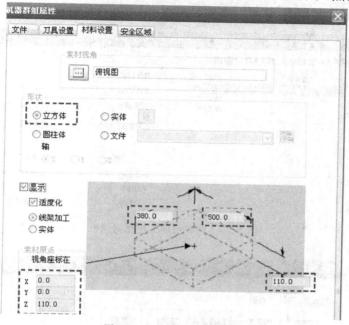

图 5.73　毛坯定义对话框

（5）生成刀具路径

①曲面挖槽粗加工

在菜单栏点击【刀具路径】→【曲面粗加工】→【粗加工挖槽加工】，系统提示选择加工曲面时，在图形区域选择所有曲面（如图 5.74 所示）。在弹出的如图 5.75 所示的【刀具路径曲面选取】对话框上点 ✔ 确定。

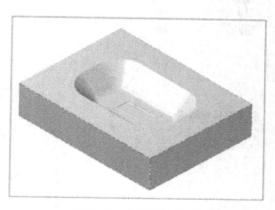

图 5.74　选择所有曲面

图 5.75　刀具路径曲面选取对话框

在弹出的如图 5.76 所示的【曲面粗加工挖槽】对话框【刀具路径参数】选项卡左侧空白区域点右键。在弹出的菜单中，选择【创建新刀具】。在弹出的【定义刀具】对话框【类型】选项卡中选择【圆鼻刀】(如图 5.77 所示)。在【圆鼻刀】选项卡上输入如图 5.78 的参数。在【参数】选项卡上输入如图 5.79 所示的参数。

图 5.76　曲面粗加工挖槽对话框

图 5.77　定义刀具对话框

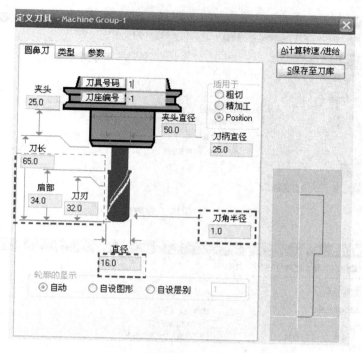

图 5.78　圆鼻刀尺寸参数

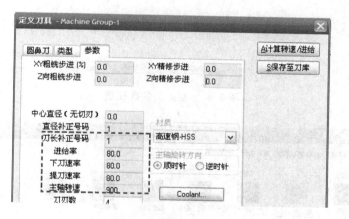

图 5.79　切削参数设置

在【曲面加工参数】选项卡中，设置如图 5.80 所示的参数。

在【粗加工参数】选项卡中，设置如图 5.81 所示的参数。

在【挖槽参数】选项卡中，设置如图 5.82 所示的参数。

完成相关参数设置后，点击 ✓ ，生成的曲面挖槽粗加工刀具路径如图 5.83 所示。

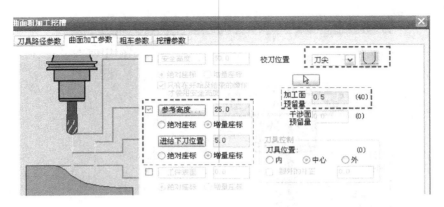

图 5.80　曲面加工参数设置

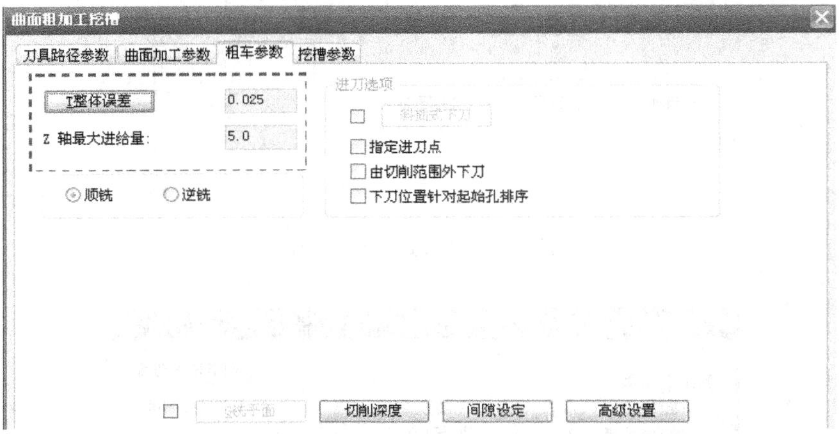

图 5.81　粗加工参数设置

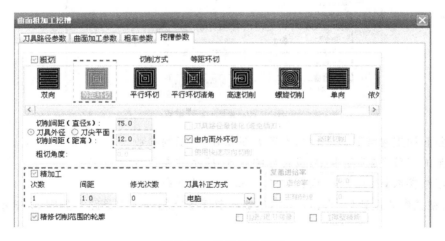

图 5.82　挖槽参数设置

②曲面精加工平行铣削

在菜单栏点击【刀具路径】→【曲面精加工】→【精加工平行铣削】，系统提示选择加工曲

图 5.83　曲面挖槽粗加工刀具路径

面时，在图形区域选择所有曲面。在弹出的如图 5.84 所
示的【刀具路径曲面选取】对话框上点【边界范围】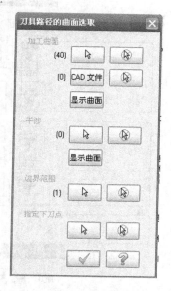，
在图形区域选择如图 5.85 所示的串联曲线作为加工
边界。

图 5.84　刀具路径曲面选取对话框

在弹出的如图 5.86 所示的【曲面精加工平行铣削】
对话框【刀具路径参数】选项卡左侧空白区域点右键。在
弹出的菜单中，选择【创建新刀具】。在弹出的【定义刀
具】对话框【类型】选项卡中选择【球刀】（如图 5.87 所
示）。在【球刀】选项卡上输入如图 5.88 的参数。在【参
数】选项卡上输入如图 5.89 所示的参数。

在【曲面加工参数】选项卡中，设置如图 5.90 所示的
参数。

在【精加工平行铣削参数】选项卡中，设置如图 5.91
所示的参数。

完成相关参数设置后，点击，生成的曲面精加工

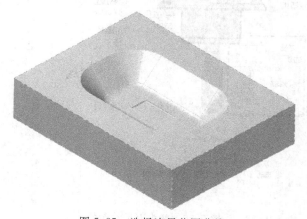

图 5.85　选择边界范围曲线

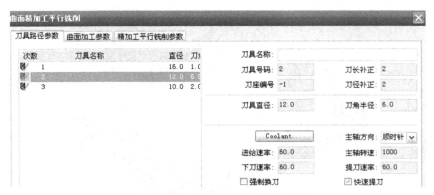

图 5.86　曲面精加工平行铣削对话框

图 5.87　定义刀具对话框

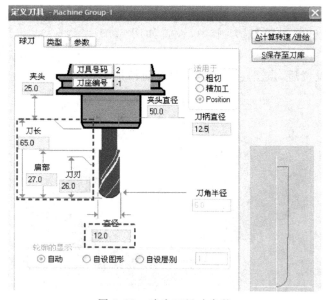

图 5.88　球头刀尺寸参数

图 5.89　切削参数设置

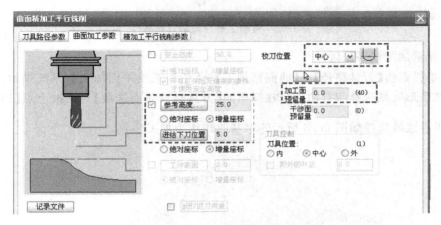

图 5.90　曲面加工参数设置

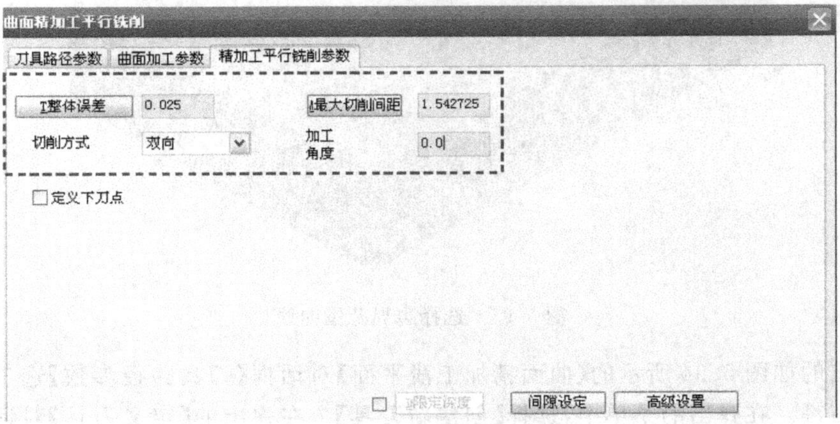

图 5.91　精加工平行铣削参数设置

平行铣削刀具路径如图 5.92 所示。

图 5.92 精加工平行铣削刀具路径

③曲面精加工浅平面区域

在菜单栏点击【刀具路径】→【曲面精加工】→【精加工浅平面加工】,系统提示选择加工曲面时,在图形区域选择所有曲面。在弹出的【刀具路径曲面选取】对话框上点【边界范围】[图标],在图形区域选择如图 5.93 所示的串联曲线作为加工边界。

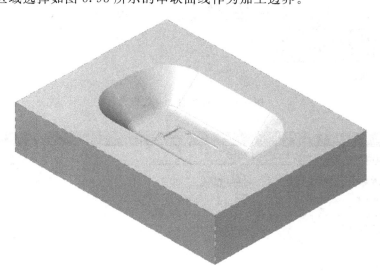

图 5.93 选择边界范围曲线

在弹出的如图 5.94 所示的【曲面精加工浅平面】对话框【刀具路径参数】选项卡左侧空白区域点右键。在弹出的菜单中,选择【创建新刀具】。在弹出的【定义刀具】对话框【类型】选项卡中选择【圆鼻刀】(如图 5.95 所示)。在【圆鼻刀】选项卡上输入如图 5.96 的参数。在【参数】选项卡上输入如图 5.97 所示的参数。

在【曲面加工参数】选项卡中,设置如图 5.98 所示的参数。

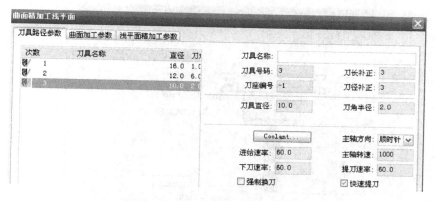

图 5.94　曲面精加工浅平面对话框

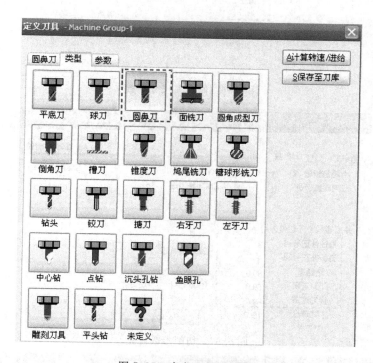

图 5.95　定义刀具对话框

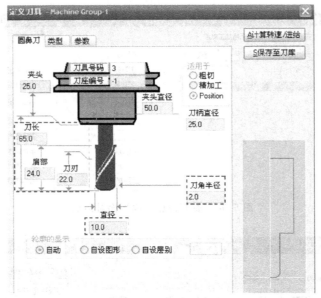

图 5.96　圆鼻刀尺寸参数

图 5.97　切削参数设置

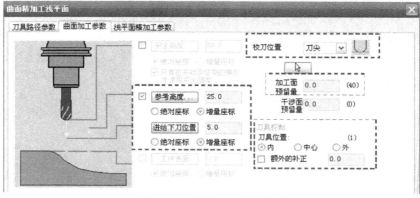

图 5.98　曲面加工参数设置

在【浅平面精加工参数】选项卡中,设置如图 5.99 所示的参数。

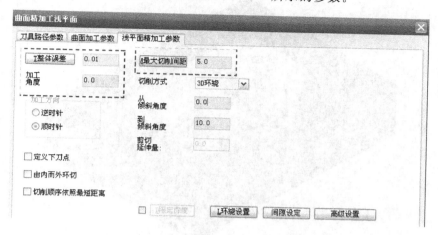

图 5.99　浅平面精加工参数设置

完成相关参数设置后,点击 ✓ ,生成的浅平面精加工刀具路径如图 5.100 所示。

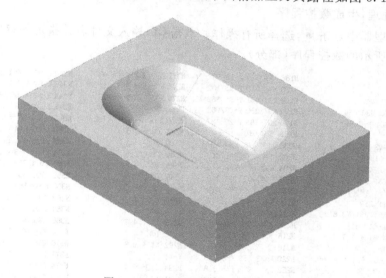

图 5.100　浅平面精加工刀具路径

(6)切削模拟

在操作管理器中点击 ✔ ,选择所有操作。点击 ●,在弹出的【实体验证】对话框中,点击 ▶ 开始模拟切削。模拟加工结果如图 5.101 所示。

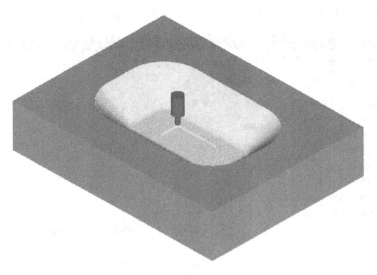

图 5.101　模拟加工结果

（7）后置处理，生成数控程序

在操作管理器中点击 ，选择所有操作。点击 **G1**，输入文件名并指定保存路径后，可输出如图 5.102 所示的数控程序（部分）。

%	N188 X95.998 Y-33.982	N272 X93.111 Y-49.982	N340 X108.162 Y36.418
00020	N190 X96.553 Y-33.182	N274 X95.054 Y-49.182	N342 X107.783 Y37.218
N100 T1 M6	N192 X97.091 Y-31.582	N276 X96.687 Y-48.382	N344 X107.434 Y38.018
N102 G0 G90 G54	N194 X97.252 Y-29.982	N278 X98.12 Y-47.582	N346 X107.059 Y38.818
X-61.981 Y-8.382 S900	N196 X97.181 Y-29.182	N280 X99.422 Y-46.782	N348 X106.66 Y39.618
M3	N198 Y30.018	N282 X100.618	N350 X106.214 Y40.418
N104 G43 H1 Z130.5	N200 X97.166 Y30.818	Y-45.982	N352 X105.568 Y41.218
N106 Z115.5	N202 X97.008 Y31.618	N284 X101.723	N354 X104.963 Y42.018
N108 G1 Z105.5 F80.	N204 X96.823 Y32.418	Y-45.182	N356 X104.319 Y42.818
N110 X61.981	N206 X96.433 Y33.218	N286 X102.728	N358 X103.638 Y43.618
N112 X61.181 Y-5.182	N208 X96.049 Y34.018	Y-44.382	N360 X102.861 Y44.418
N114 Y1.218	N210 X95.357 Y34.818	N288 X103.669	N362 X101.698 Y45.218
N116 X61.981 Y3.618	N212 X94.699 Y35.618	Y-43.582	N364 X100.592 Y46.018
N118 X-61.981	N214 X93.369 Y36.418	N290 X104.497	N366 X99.389 Y46.818
N120 X-61.181 Y.418	N216 X92.118 Y37.218	Y-42.782	N368 X98.077 Y47.618
N122 Y-5.982	N218 X-92.104	N292 X104.996	N370 X96.634 Y48.418
N124 X-61.981 Y-8.382	N220 X-93.359 Y36.418	Y-41.982	N372 X94.981 Y49.218
N126 X-73.981	N222 X-94.487 Y35.618	N294 X105.601	N374 X-94.954
Y-18.782	N224 X-95.476 Y34.818	Y-41.182	N376 X-96.614 Y48.418
N128 X73.981	N226 X-95.974 Y34.018	N296 X106.167	N378 X-98.062 Y47.618
N130 X73.181 Y-15.582	N228 X-96.531 Y33.218	Y-40.382	N380 X-99.377 Y46.818
N132 Y12.418	N230 X-96.785 Y32.418	N298 X106.703	N382 X-100.583
N134 X73.981 Y14.818	N232 X-97.08 Y31.618	Y-39.582	Y46.018
N136 X-73.981	N234 X-97.251 Y30.018	N300 X107.171	N384 X-101.692
N138 X-73.181 Y11.618	N236 X-97.181 Y29.218	Y-38.782	Y45.218
N140 Y-16.382	N238 Y-29.982	N302 X107.458	N386 X-102.699
N142 X-73.981	N240 X-97.168	Y-37.982	Y44.418
Y-18.782	Y-30.782	N304 X107.803	N388 X-103.64 Y43.618
N144 X-80.694	N242 X-97.092	Y-37.182	N390 X-104.471
Y-29.182	Y-31.582	N306 X108.124	Y42.818
N146 X80.69	N244 X-96.806	Y-36.382	N392 X-104.971
N148 X83.158 Y-28.382	Y-32.382	N308 X108.425	Y42.018

图 5.102　后置处理后的数控加工程序（部分）

5.6　基于 CNC Partner 的加工仿真

CNC Partner 数控培训机不仅适用于数控车床的加工仿真，而且适用于数控铣床的加工仿真，其操作面板如图 4.114 所示。

5.6.1　基于 CNC Partner 的加工仿真步骤

应用 CNC Partner 数控培训机进行数控铣削加工仿真可按如下步骤进行：
(1)启动系统。
(2)载入通过 MasterCAM 软件后置处理并进行编辑过的数控加工程序。
(3)载入毛坯，工件安装。
(4)刀具准备，刀具安装。
(5)回参考点。
(6)对刀，设定刀具偏置值。
(7)自动执行，进行仿真加工。
(8)关闭系统。

5.6.2　加工仿真实例

本节结合上节的型腔零件铣削实例来介绍应用 CNC Partner 数控培训机进行数控铣削加工仿真的方法，零件如图 5.47 所示，材料为尼龙。

1. 启动系统

(1)在计算机桌面上双击 CNC Parther　，在弹出的窗口中选择数控铣床系统　，出现系统的初始界面，如图 5.103 所示。
(2)按操作面板上的 POWER ON 按钮　，操作面板上电。
(3)在系统初始界面上单击鼠标右键，弹出快捷菜单，选择"全屏切换"切换到窗口模式，如图 5.104 所示。

2. 载入加工程序

(1)在操作面板上，"模式选择"旋钮转到"EDIT"挡，如图 5.105 所示。
(2)按数控编程小屏幕上的软键【DIR】或编程面板上的按键【PROG】，显示程序列表如图 5.106 所示。
(3)输入程序文件名，再按编程面板上的向下光标键【↓】，显示程序完整内容。若文件不存在，则生成新文件。本实例中输入"O0901"，如图 5.107 所示。
注意：若显示程序列表中文件不存在，输入程序文件名后将生成新文件，需要在数控编程面板上手动输入程序，费时费力且容易出错。可以把加工程序复制到本地磁盘中，路径

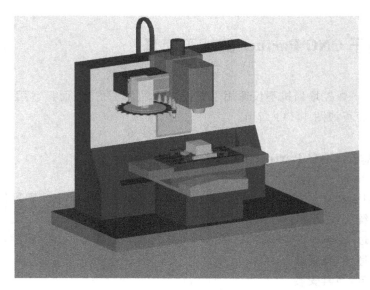

图 5.103　系统初始界面

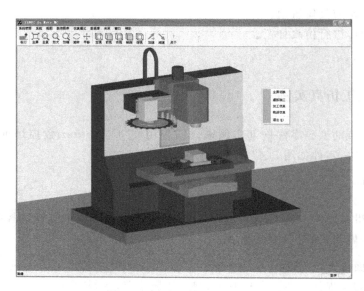

图 5.104　窗口模式显示环境

为：D:\Program Files\CNC Partner\Fanuc0iMC\NCFile，加工程序文件名命名为"O＊＊＊＊"，后缀名为"．txt"，程序文件名会自动显示在编程小屏幕的程序列表中，如图 5.106 所示。

3. 载入毛坯，工件安装

（1）在菜单栏选择【系统】→【新建毛坯】，弹出毛坯管理对话框，如图 5.108 所示。

（2）根据本实例毛坯尺寸，在对话框中设置长×宽×高为 110×110×30，材料中没有尼龙选项，选择近似材料为铝合金，单击【确定】按钮，毛坯"装夹"到机床工作台上，并且默认毛坯中心位于机床坐标系参考点位置。

MDI
HANDLE
JOG
模式选择
AUTO
DNC
EDIT
ZRN

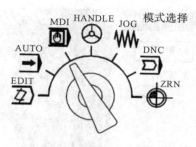

图 5.105 模式选择旋钮

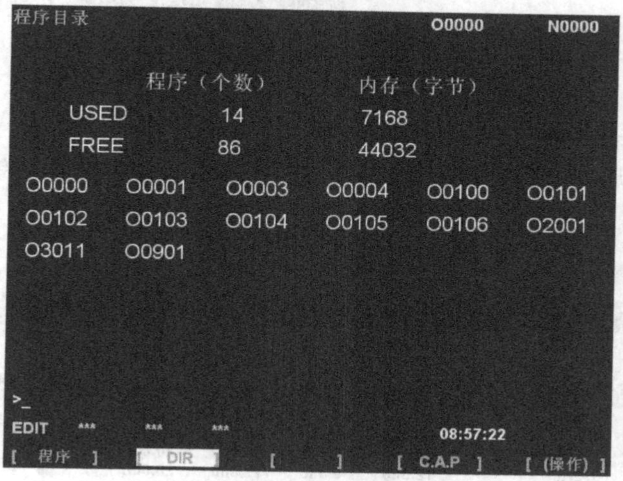

程序目录 O0000 N0000
程序（个数） 内存（字节）
USED 14 7168
FREE 86 44032
O0000 O0001 O0003 O0004 O0100 O0101
O0102 O0103 O0104 O0105 O0106 O2001
O3011 O0901
>_
EDIT *** *** *** 08:57:22
[程序] [DIR] [ ] [C.A.P] [(操作)]

图 5.106 程序列表

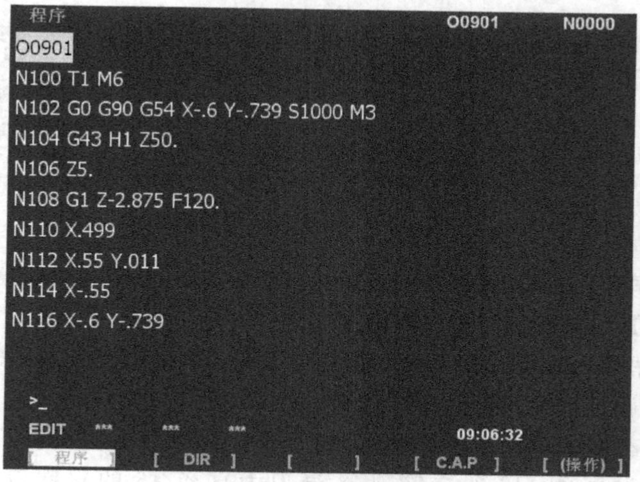

程序 O0901 N0000
O0901
N100 T1 M6
N102 G0 G90 G54 X-.6 Y-.739 S1000 M3
N104 G43 H1 Z50.
N106 Z5.
N108 G1 Z-2.875 F120.
N110 X.499
N112 X.55 Y.011
N114 X-.55
N116 X-.6 Y-.739
>_
EDIT *** *** *** 09:06:32
[程序] [DIR] [ ] [C.A.P] [(操作)]

图 5.107 程序内容

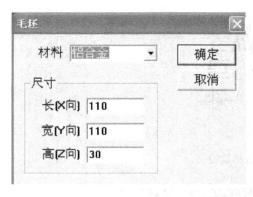
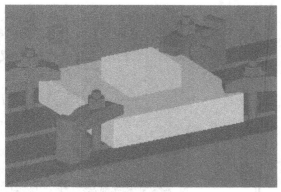

图 5.108　载入毛坯

4.刀具准备,刀具安装

本实例中加工所选刀具为直径 φ12 的立铣刀(T01)和直径 φ6 的立铣刀(T02)。

(1)在系统界面上,单击菜单【数据库】→【中央刀库－铣削】,弹出铣刀刀库管理对话框,如图 5.109 所示。

图 5.109　铣刀刀库管理

(2)在铣刀刀库对话框单击【选择列表】按钮,弹出加工刀库对话框,移除所有系统默认的刀具,单击【确定】,返回到铣刀刀库对话框。

(3)在铣刀刀库对话框移除所有系统默认的刀具,然后点击【新建】按钮,在弹出的铣刀对话框中根据要求设置刀具参数,如图 5.110、5.111 所示。

(4)如有必要,在刀库对话框中选中需要修改的刀具后单击【编辑】可以修改刀具的刀号,本实例 1 号刀为直径 φ12 的立铣刀,2 号刀为直径 φ6 的立铣刀,刀具长度均设置为 100mm。

(5)主轴装刀

方法 1:

①在操作面板上,"模式选择"旋钮转到"MDI"挡。

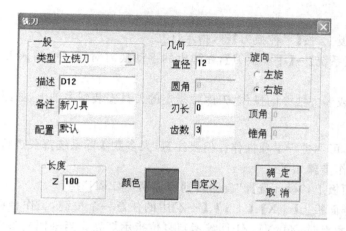

图 5.110　铣刀设置

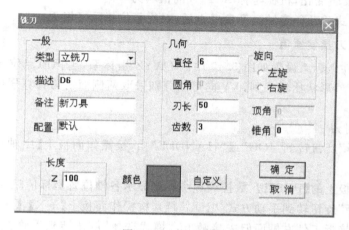

图 5.111　铣刀设置

②按数控编程小屏幕上的软键【MDI】或编程面板上的按键【PROG】，系统处于 MDI 方式，输入换刀程序指令，如"T1 M06"，如图 5.112 所示。

③按程序启动键□执行命令。

图 5.112　MDI 输入指令

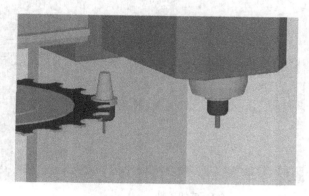

图 5.113　主轴装刀

方法 2：

①在操作面板上，按【手控换刀】键，指示灯亮。

②单击菜单【系统】→【手动换刀】，在弹出的手动换刀对话框中输入刀具号，如 1 号刀，点击【确定】。

通过方法 1 或者方法 2 的操作，刀库中指定的刀具安装到主轴上，如图 5.113 所示。

5.回参考点

在本系统中，可不进行本项操作。但要注意，大多数实际系统都要进行回参考点操作。

回参考点操作步骤如下：

(1)在操作面板上，"模式选择"旋钮转到回零模式"ZRN"挡。

(2)按住操作面板上【+X】、【+Y】、【+Z】中的任意一个按键，工作台移动，执行回参考点操作。到达参考点时，X1、Y1、Z1 回参考点复位指示灯亮。当轴回到参考点时，编程小屏幕显示的坐标值发生变化，机械坐标 X、Y、Z 的值均为零。

(3)以任何方式移动任意轴离开参考点后，对应复位指示灯熄灭。

6.对刀，设定刀具偏置值

本实例中工件坐标系设置如图 5.47 中的 $OXYZ$ 坐标系，坐标原点位于工件顶面的中心位置，考虑到工件形状比较规则，XY 向可以分别采取两侧面对刀计算居中坐标值的方法进行对刀操作。

(1)X、Y 向对刀

①"模式选择"旋钮转到"JOG"或"HANDLE"挡，按操作面板上【主轴正转】按钮，主轴启动旋转。

②按编程面板上的【POS】键，数控编程小屏幕显示各轴位置坐标值。

③"模式选择"旋钮转到手动方式("JOG"挡)，按操作面板上【-X】、【-Y】、【-Z】键，移动坐标轴使刀具接近工件右侧面但未接触上，"模式选择"旋钮转到手轮方式("HANDLE"挡)，"轴选择"旋钮转到"X"轴，"手轮倍率"旋钮转到"×10"挡，转动手轮使刀具小心靠近工件，当刀具和工件右侧面接触时，发出声音提示，刀具变为红色，如图 5.114(a)所示。

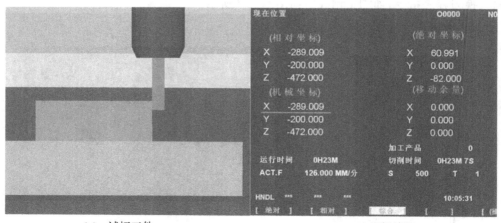

(a)　试切工件　　　　　　　　　　　　(b)　坐标读取

图 5.114　X 向对刀

④"轴选择"旋钮转到"Z"轴,转动手轮使刀具沿+Z向抬刀脱离工件接触,提示的声音消除。

⑤记下此时编程小屏幕显示的 X 机械坐标值,记为 X1,如图 5.114(b)所示。

⑥保持机床 Y 向不动,"轴选择"旋钮转到"X"轴,转动手轮以同样的方式小心接触工件左侧面,记下编程小屏幕显示的 X 机械坐标值,记为 X2。

⑦根据 X1 值和 X2 值计算,可得出工件坐标系 X 的偏置值。Y 向对刀可以用相同方法实现,如图 5.115 所示。偏置值计算方法如图 5.116 所示。

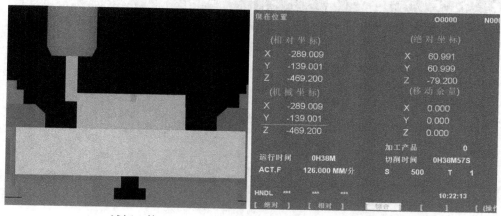

(a)　试切工件　　　　　　　　(b)　坐标读取

图 5.115　Y 向对刀

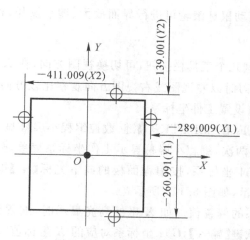

图 5.116　刀具偏置值计算

当刀具接触工件右侧面,数控编程小屏幕显示的 X 坐标值为−289.009,记为 X1;刀具接触工件左侧面,数控编程小屏幕显示的 X 坐标值为−411.009,记为 X2;Y 坐标值也以同样的方法记录。

则加工坐标系的偏置值为:

$$X=(X1+X2)/2=\{(-289.009)+(-411.009)\}/2=-350.009$$
$$Y=(Y1+Y2)/2=\{(-260.991)+(-139.001)\}/2=-199.996$$

偏置值修正为整数 $X=-350$，$Y=-200$。

(2) Z 向对刀

Z 向零点位于工件顶面，可以采取刀具接触工件顶面的方法进行对刀，如图 5.117 所示。如果 Z 向零点位于工件底面，需注意刀具在工件顶面对刀后，计算刀具偏置值时应减去工件的高度尺寸。本实例中刀具接触工件顶面后，Z 坐标值为 -480.009，修正为整数 $Z=-480$。

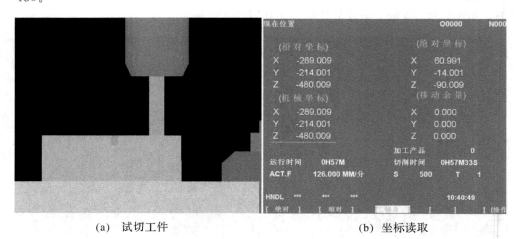

(a)　试切工件　　　　　　　　　　　　(b)　坐标读取

图 5.117　Z 向对刀

操作技巧：

(1) 在系统界面中，滚动鼠标滚轮可进行界面放大、缩小操作，按住鼠标左键拖动，可进行图形移动操作。

(2) 点击 这几个工具栏按钮，可切换视图方向，在 X 向对刀时以前视图方向观察比较方便，在 Y 向对刀时以左视图或右视图方向观察比较方便。

(3) 设定刀具偏置值（设置工件坐标系）。

①按编程面板上【OFFSET SETTING】键，数控编程小屏幕显示刀具补偿菜单，继续按【OFFSET SETTING】键两次，编程小屏幕显示工作坐标系菜单，分别有 G54～G59 几个工件坐标系，本实例选择 G54 坐标系，按编程面板的向下光标【↓】键，光标移动到 G54 坐标系，光标所在位置高亮显示，如图 5.118 所示。

②分别输入各坐标系的偏置值。如 X 坐标高亮显示时，编程面板上输入"$-350.$"，接着按编程小屏幕下方的软键【输入】，G54 坐标系对应的 X 坐标值改变为"-350.000"，实现了对 X 向的偏置设置。Y 坐标和 Z 坐标的偏置值以相同的方法输入，输入后的 G54 坐标值如图 5.118 所示。

(4) 刀具长度补偿。

前述步骤只是完成工件坐标系设置，加工中使用多把不同刀具，还需对各刀具进行长度补偿值设置。本实例因两把刀具的长度均设置为 100mm，可以省略此步骤。需要注意，实际机床加工时刀具的长度不同，须进行长度补偿。本系统长度补偿操作步骤如下：

①按编程面板上【OFFSET SETTING】键，编程小屏幕显示刀补菜单，如图 5.119

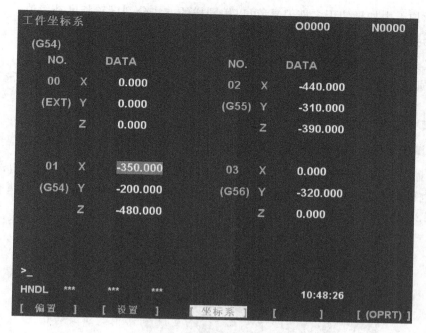

图 5.118 工件坐标系

所示。

刀具补偿

NO.	几何(H)	磨损(H)	几何(D)	磨损(D)
001	0.000	0.000	0.000	0.000
002	0.000	0.000	0.000	0.000
003	0.000	0.000	0.000	0.000
004	0.000	0.000	0.000	0.000
005	0.000	0.000	0.000	0.000
006	0.000	0.000	0.000	0.000
007	0.000	0.000	0.000	0.000
008	0.000	0.000	0.000	0.000
009	0.000	0.000	0.000	0.000
010	0.000	0.000	0.000	0.000

现在位置(相对坐标)

X -289.009   Y -214.001   Z -440.709

图 5.119 刀具长度补偿

②按编程面板上光标移动键【↑】、【↓】选择对应刀具号,输入补偿值,然后按编程小屏幕下方的软键【输入】。例如:1 号刀作为基准刀具,长度为 100mm,程序中采用 G43 指令进行长度补偿,2 号刀长度为 90mm,则 1 号刀的长度补偿值为"0",2 号刀的长度补偿值为"－10.000"。

③实际加工中如果使用多把刀具,可以用同样的方法分别设置长度补偿值。

7. 自动执行,仿真加工

(1)"模式选择"钮旋转到"JOG"挡。

(2)分别按操作面板上【+Z】、【+X】、【+Y】键,移动各坐标轴,确保刀具距离工件处于安全位置。

(3)"模式选择"钮旋转到"AUTO"挡。

(4)按操作面板上【程序启动】□键,开始加工。

(5)在加工过程中,可按操作面板上【程序暂停】▽键暂停加工(再按【程序启动】键可继续执行),也可旋转主轴倍率修调旋钮、进给倍率修调旋钮调整主轴转速和进给速度。

图 5.120 所示为"O0901"程序的仿真结果。

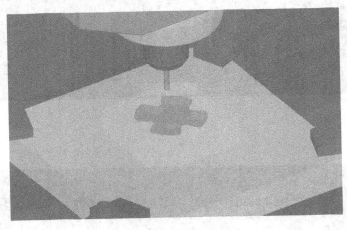

图 5.120　程序运行结果

8. 关闭系统

(1)操作完成后,按操作面板上的 POWER OFF □断电,然后关闭培训系统。

(2)关闭 Windows 系统。

(3)关闭总电源。

5.7　加工实训

5.7.1　HNC-22T 系统简介

华中世纪星(HNC-22T)是基于 PC 的铣床 CNC 数控装置,具有开放性好,结构紧凑,集成度高,可靠性好,性价比高,操作维护方便的特点。HNC-22T 系统数控铣床的控制面板如图 5.121 所示。该面板主要由屏幕显示区、方式选择区、倍率修调区、功能按钮区、编辑区、控制区等组成。

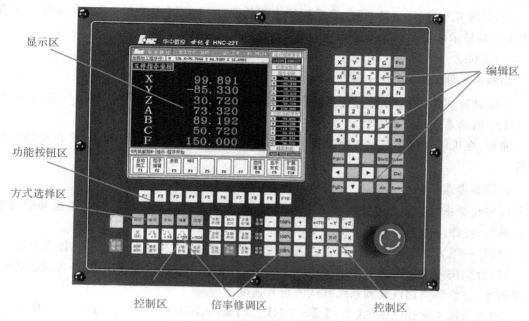

图 5.121　数控铣床控制面板界面

5.7.2　操作方法及步骤

数控铣床的操作可按如下步骤进行：
(1)开机，复位。
(2)回参考点。
(3)输入加工程序。
(4)工件准备，工件安装。
(5)刀具准备，刀具安装。
(6)对刀，设定刀具偏置值。
(7)程序执行，进行实际切削加工。
(8)关机。

5.7.3　加工实例

本节结合上节例举的型腔零件铣削实例来介绍华中数控 HNC-22T 系统数控铣床的操作方法和步骤。零件图如图 5.47 所示，材料为尼龙。

1. 开机，复位

(1)检查机床状态是否正常，工作台上是否有杂物，确认控制面板上红色【急停】按钮是否已按下。

(2)打开位于机床背面的机床电源开关，机床上电。

(3)检查风扇电机运转是否正常，是否有异常响声，检查面板上的屏幕显示是否正常。

（4）等待几十秒钟，系统自检，自动运行内部软件，直至控制面板上液晶显示屏显示如图5.121屏幕显示区所示系统操作画面，此时工作方式应为急停状态。

（5）复位。

①确认屏幕显示正常，机床状态正常。

②顺时针旋转控制区的红色【急停】⬤旋钮，旋钮自动弹起，系统进入复位状态，显示如图5.121所示系统初始画面。

注意：在机床开机和关机之前应按下【急停】按钮，以减少设备电流冲击，防止损坏电气部件。

2. 回参考点

控制机床运动的前提是建立机床坐标系，因此机床开机并复位后应进行机床各轴回参考点操作，操作步骤和方法如下：

（1）按一下方式选择区的【手动】键，该键左上角的指示灯亮，系统处于手动操作方式。

（2）分别按一下速度倍率修调区的 3 个【100％】按键（按键左上角指示灯亮），主轴倍率、快速倍率、进给倍率都恢复到系统默认的正常速度。

（3）适当按坐标控制区的【−X】、【−Y】、【−Z】键，机床分别朝 $-X$、$-Y$、$-Z$ 方向运动。

（4）按方式选择区的【回零】键，按键左上角的指示灯亮，系统处于回零操作方式。

（5）按一下坐标控制区的【＋Z】键，机床自动以系统参数设定的快速移动速度朝＋Z 方向运动，碰到参考点开关后以系统设定的"回参考点定位速度"慢速继续朝＋Z 方向运动，直至 Z 向回参考点完毕，【＋Z】按键内左上角的指示灯亮，屏幕显示区 Z 轴坐标显示 Z 向参考点位置"Z 0.000"。

（6）X 向、Y 向的回参考点操作和 Z 向回参考点对方法相同。所有轴回参考点后即建立了机床坐标系，回参考点操作完毕。

注意：

（1）回参考点时应确保安全，为避免发生碰撞，一般应使 Z 轴先回参考点。

（2）在每次电源接通后必须先完成各轴的回参考点操作，然后再进入其他运行方式，以确保各轴坐标的正确性。没有经过回参考点操作，各轴坐标值有异，容易发生碰撞等事故。

（3）回参考点时可同时使用多个轴向选择按键（如同时依次按下【＋Z】、【＋X】、【＋Y】键），Z、X、Y 三个坐标轴同时运动，同时进行回参考点运动。

（4）在回参考点前应确保回零轴位于参考点的回参考点方向相反侧，如 X 轴的回参考点方向为正，则回参考点前应保证 X 轴当前位置在参考点的负向侧。这也是回参考点前为什么要先用手动方式移动该轴的一个原因。

（5）在回参考点过程中若出现超程，请按住控制面板上的【超程解除】按键，向相反方向手动移动该轴使其退出超程状态。

3. 输入加工程序

本系统加工程序输入机床的方法有三种，一种是直接在编辑区通过键盘操作，手动逐句输入程序；另一种是通过专用的发送软件，使用 RS232 通讯接口与电脑连接，读取串口程序；第三种是通过磁盘直接读取零件加工程序。因为手动输入程序效率低，特别是程序较长时容易出错，不适合采用。而使用 RS232 通讯接口发送，则需要保证通讯电缆正常连接，且系统中安装了通讯控制软件。本例采用第三种输入方法，通过软盘直接读取加工程序。HNC-22T 系统扩展了标识零件程序文件的方法，可以使用任意 DOS 文件名标识零件程序（即 8＋3 文件名，1 至 8 个字母或数字后加点再加 0 至 3 个字母或数字组成，如 MyPart. 001，O1234 等）。

以如图 5.47 所示零件的数控加工程序为例，说明具体操作过程。文件名命名为 O0901. txt。

（1）按方式选择区的【自动】键，选择自动工作方式。

（2）按两下屏幕下方功能按钮区的【F1】功能按键，弹出如图 5.122 所示的"选择运行程序"子菜单。

（3）按【F1】功能按键，弹出"选择程序"对话框，如图 5.123 所示。

图 5.122 选择运行程序

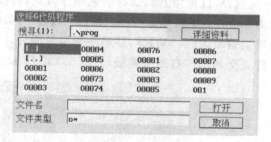

图 5.123 选择程序

（4）连续按编辑区的【Tab】键，将蓝色亮条移到"搜寻"框，按编辑区的【▼】键，弹出系统磁盘分区列表，用【▲】、【▼】键选择"A:"盘。

（5）按编辑区的【Enter】键，文件列表框中显示软盘 A 中的目录和文件，按一下【Tab】键亮条光标移至文件列表框。

（6）用【▲】、【▼】、【▶】、【◀】键选中想要编辑的程序名称，如本例选取"O0901. txt"。

（7）按【Enter】键，文件调入到系统缓冲区，如图 5.124 所示，程序成功读入。

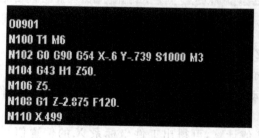

图 5.124 程序读入

4. 工件准备，工件安装

把工件正确安装到机床工作台上，注意压板位置不要干涉到工件的加工尺寸区域。如本实例工件长×宽×高为 110mm×110mm×30mm，型腔加工最大直径为 80mm，压板在四个角上伸出的长度应小于 15mm。

5. 刀具准备，刀具安装

按照要求，把加工所需刀具手动安装到主轴上。本例使用的刀具为 ϕ12mm 立铣刀。

6. 对刀,设定刀具偏置值

本实例中工件坐标系设置如图 5.47 中的 $OXYZ$ 坐标系,坐标原点位于工件顶面的中心位置,考虑到工件形状比较规则,XY 向可以分别采取两侧面对刀计算居中坐标值的方法进行对刀操作。对刀时最好使用寻边器,实际操作时如果精度要求不高,也可以直接使用刀具进行试切对刀。

(1)X、Y 向对刀

①按方式选择区的【手动】键,选择手动操作方式。

②按主轴控制区的【主轴正转】键,主轴启动正转。

③按坐标控制区的【-X】、【-Y】、【-Z】键,移动坐标轴使刀具接近工件右侧面但未接触上,按方式选择区【增量】键,选择增量操作方式,再按增量倍率区【×1000】键,此时移动一个增量值为 1mm,点动按坐标控制区的【-X】键,刀具继续小心靠近工件。

④按增量倍率区【×100】键,移动一个增量值为 0.1mm,继续点动按【-X】键,使刀具小心靠近工件直至和工件右侧面接触,如图 5.125 所示。

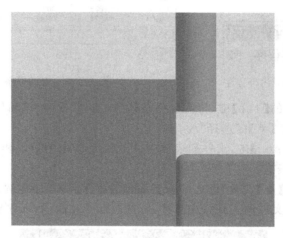

图 5.125　X 向对刀

⑤按【手动】键、【+Z】键,使刀具沿+Z 向抬刀脱离工件接触。

⑥记下此时屏幕显示的 X 坐标值,记为 $X1$。

⑦保持机床 Y 向不动,按【-X】键,以同样的方式小心接触工件左侧面,记下屏幕显示的 X 坐标值,记为 $X2$。

⑧根据 $X1$ 值和 $X2$ 值计算,可得出工件坐标系 X 的偏置值。Y 向对刀可以用相同方法实现,偏置值计算方法与上一节图 5.116 所示的相似,这里不再赘述。

(2)Z 向对刀

Z 向零点位于工件顶面,可以采取刀具接触工件顶面的方法进行对刀,如图 5.126 所示。如果 Z 向零点位于工件底面,需注意刀具在工件顶面对刀后,计算刀具偏置值时应减去工件的高度尺寸。

(3)设定刀具偏置值(设置工件坐标系)

①在如图 5.121 所示的系统初始界面状态下,按功能按钮区的【F4】键,进入 MDI 功能子菜单,如图 5.127 所示。按【F3】功能键,进入坐标系手动数据输入方式,屏幕显示 G54 坐

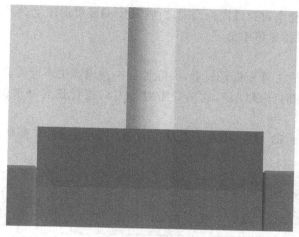

图 5.126　Z 向对刀

标系数据,如图 5.128 所示。

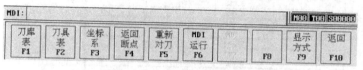

图 5.127　MDI 功能子菜单

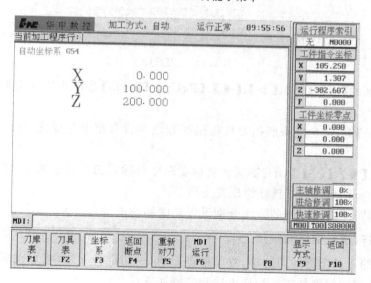

图 5.128　工件坐标系设置

②系统预置了 G54～G59 共 6 个工件坐标系,按编辑区的【PgDn】或【PgUp】键可进行选择,本实例选择 G54 坐标系。

③在 MDI 命令行输入对刀所得的 X、Y、Z 轴刀具偏置数据。如本例实际操作计算 X 为:-182.92,Y 为:-53.28,Z 为:-175.86,在命令行输入"X-182.92Y-53.28Z-175.86",按编辑区的【Enter】键,G54 坐标系的相应坐标值数据发生改变,坐标系设置成功。

注意:

在命令行编辑过程中,在按【Enter】键之前按【Esc】键可退出坐标系数据编辑,但输入的数据将丢失,系统将保持原值不变。

(4)刀具补偿

前述步骤只是完成工件坐标系设置,实际加工中使用多把不同刀具,因刀具半径补偿在MasterCAM自动编程时已经设置,这里只需对各刀具进行长度补偿值设置。长度补偿操作步骤如下:

①在图5.127所示的MDI功能子菜单下,按【F2】功能键,屏幕显示刀具表数据,如图5.129所示。

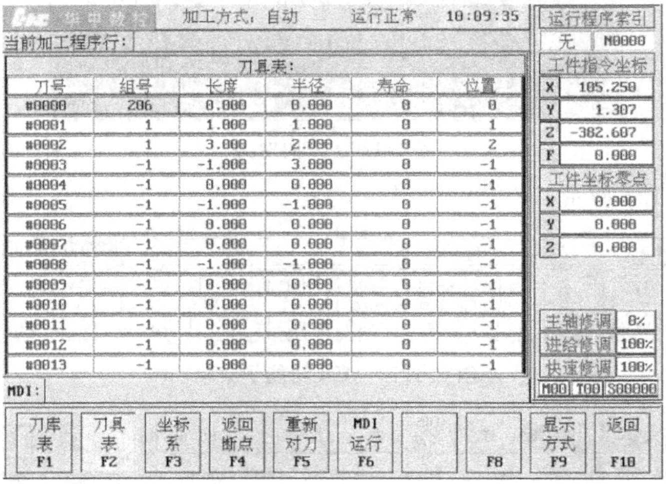

图5.129　刀具库

②用编辑区的【▲】、【▼】、【▶】、【◀】、【PgUp】、【PgDn】键移动蓝色亮条选择要编辑的选项。

③按【Enter】键,蓝色亮条所指刀具数据的颜色和背景都发生变化,同时编辑位置光标闪烁。

④用【▶】、【◀】、【BS】、【Del】键或者直接在命令行输入刀具补偿数据,进行刀补数据编辑修改,按【Enter】键确认,刀具补偿设置完毕。

⑤其他刀具,可以用同样的方法分别设置长度补偿值。

7. 程序执行,进行实际切削加工

加工所需的刀具全部对刀完毕,程序检查完毕,一切准备就绪,可启动程序进行自动加工,实现机床的实际切削加工。操作方法和步骤如下:

①本节如图5.124所示,加工程序已经成功读入系统运行缓冲区,按方式选择区的【手动】键,选择手动工作方式。

②按控制区的【+Z】、【+X】、【+Y】键,移动刀具,确保刀具距离工件处于安全位置。

③按方式选择区的【自动】键,进入自动工作方式。按功能按钮区的【F1】功能键,进入程序运行子菜单,如图5.130所示。

④按控制区的【循环启动】键,程序启动运行,工件开始实际切削加工。

⑤程序执行过程中,可按【进给保持】键暂停加工,再按【循环启动】键继续执行,也可按

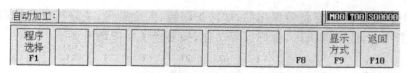

图 5.130　程序运行子菜单

倍率修调区的【－】、【＋】键调整主轴转速、进给速度和快速移动速度。如果要中止程序运行,按【F7】功能键,弹出如图 5.131 对话框,按编辑区的【Y】键中止程序运行。中止后不能继续执行程序。若要重新运行,按【F4】功能键,按提示操作重新运行程序。

图 5.131　程序运行过程中停止运行

8.关机

工件加工完毕,机床进行保养后,可进行关机操作,关机顺序和开机顺序相反,需注意以下几点:

(1)确认机床机械运动部分已全部停止。

(2)按下控制面板上的红色【急停】按钮,断开数控伺服电源。

(3)关闭机床背后电源开关。

(4)关机后须等待 5 分钟以上才可以再次进行开机动作,如果没有特殊情况不能随意多次进行开机或关机的操作。

5.7.4　安全操作规程与注意事项

(1)机床通电前,应先检查机床情况及周围环境情况,如工作台上有无杂物,气泵是否已打开,导轨油标、润滑油标指示是否正常,冷却液是否足够,各开关是否正常。

(2)机床开机,观察屏幕显示信息是否正常,有无异常报警。

(3)按工艺规程要求正确安装、找正工装夹具,检查刀具类型、尺寸、安装是否正确。

(4)对刀时要仔细、耐心,测量、输入相应刀具补偿值后要仔细检查数据是否正确。

(5)输入加工程序,运行前应仔细检查,并进行图形模拟,空运行,如有错误,更改后需重新检查。

(6)加工过程中应随时注意机床的系统状态显示,对异常情况要及时处理,尤其应注意报警信息及超程、急停等现象,确保安全操作,若无法及时处理,应及时按下【急停】按钮,仔细查找故障原因。

(7)无论出于什么理由,都不能用手或其他物品接触旋转中的工件或刀具。

(8)不要用湿手操作开关和按键,不要戴手套操作控制面板上的按钮,以防引起误操作或引起其他错误,发生事故。

(9)注意劳动安全,请穿戴劳保用品,如防护眼镜、安全鞋等,关好机床防护门。

(10)加工结束,应清理机床,做好保养工作,按要求关闭电源开关。

习　题

5.1 普通数控铣床和加工中心的主要区别是什么?

5.2 刀具半径补偿功能和长度补偿功能有何作用?

5.3 用 G92 指令设定坐标系和用 G54 指令设定坐标系有何区别?

5.4 数控铣床的固定循环指令主要用于什么工序的加工?

5.5 编制如图 5.132 所示的零件外轮廓数控铣削加工程序(零件厚度 20mm)。

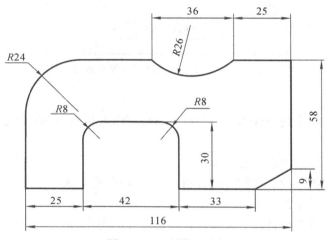

图 5.132　习题 5.5 图

5.6 编制如图 5.133 所示零件外轮廓铣削及钻孔 $2 \times \phi15$ 的程序。

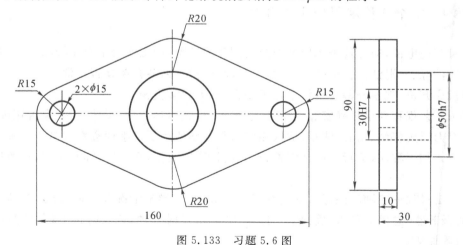

图 5.133　习题 5.6 图

5.7 编制如图 5.134 所示零件的钻孔及攻丝程序。

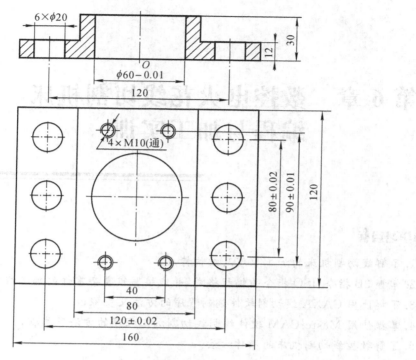

图 5.134　习题 5.7 图

第 6 章　数控电火花线切割机床编程与加工实训

本章学习目标

1. 了解线切割机床的加工原理及结构特点；
2. 掌握 3B 指令、ISO 指令的编程格式，并能编写较复杂零件的加工程序；
3. 了解使用 CAXA 线切割软件编制程序的方法及步骤；
4. 掌握使用 MasterCAM 软件编制线切割加工程序的方法及步骤；
5. 了解数控线切割机床的操作方法。

6.1　编程基础

电火花加工又称放电加工或电蚀加工，是在一定的介质中利用工具电极与工件电极之间的脉冲放电所产生的电蚀作用来对工件进行加工的一种工艺方法，属于特种加工范畴。电火花加工工艺方法包括电火花成形加工、电火花线切割加工、电火花成形磨削、电火花高速小孔加工等。电火花线切割加工是其中最常用的一种加工方法。

6.1.1　线切割机床简介

1. 工作原理

电火花线切割加工（Wire Cut Electrical Discharge Machining）是利用工件与工具电极（电极丝）之间的间隙脉冲放电所产生的局部瞬时高温，对金属材料进行电蚀的一种加工方法。

数控电火花线切割机床的工作原理如图 6.1 所示。被切割工件 6 与高频脉冲电源 5 的正极相连，电极丝 4 作为工具电极与脉冲电源 5 的负极相连。电极丝 4 穿过工件 6 上预先钻好的穿丝孔，并经过导轮 3 张紧后在储丝筒 1 上固定。当储丝筒在驱动电机的带动下作正反转旋转时，电极丝将在导轮上以一定速度移动。工作台 7 在两台步进电机的驱动下可沿 X、Y 方向移动。当数控装置按加工程序发出指令后，工作台带动工件沿 XY 平面内的曲线轨迹运动。当有工作液喷向加工区，且电极丝与工件的距离小到一定程度时，在脉冲电压的作用下,工作液被击穿,电极丝与工件之间形成瞬时放电通道,产生瞬时高温,使金属局部熔化而被蚀除下来。

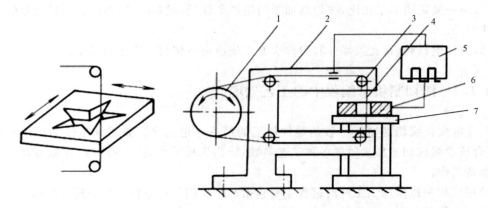

1—储丝筒;2—支架;3—导轮;4—电极丝;5—脉冲电源;6—工件;7—工作台

图 6.1　电火花线切割机床工作原理

2. 分类

按走丝速度的不同,数控电火花线切割机床可分为快速走丝电火花线切割机床和慢速走丝电火花线切割机床。

快速走丝电火花线切割机床,也被称作往复走丝、高速走丝电火花线切割机床。这类机床的电极丝做高速往复运动,一般走丝速度为 6～10m/s,是我国独创的电火花线切割加工模式,也是我国生产和使用的主要机种。电极丝一般采用耐电腐蚀性较好的钼丝,直径为 $\phi0.1\sim\phi0.2$mm。由于快速走丝线切割机床不能对电极丝实施恒张力控制,故电极丝抖动较大,在加工过程中易断丝。此外,由于电极丝是往复使用,所以会造成电极丝损耗,从而使加工精度和表面质量降低。

慢速走丝电火花线切割机床,也被称作单向走丝、低速走丝电火花线切割机床。这类机床的走丝速度一般不超过 12m/min,可使用纯铜、黄铜、钼、钨和各种合金以及金属涂覆线作为电极丝,直径一般为 $\phi0.03\sim\phi0.35$mm。电极丝单向运行,放电后不再使用,避免了因电极丝损耗而造成的加工误差。此外,慢速走丝机床一般都配备了电极丝恒张力控制装置,使电极丝在运行过程中,工作平稳、均匀、抖动小,因此其加工精度较高,表面质量较好。但与快速走丝机床相比,其购买价格和使用成本相对较高。

3. 加工特点

(1)能切割加工传统方法难以加工或无法加工的高硬度、高脆性等导电材料及半导体材料,如淬火钢、硬质合金等。

(2)由于电极丝极细,可以用于细微异形孔、窄缝和复杂形状零件的加工。

(3)工件被加工表面受热影响小,适合于加工热敏感性材料。同时,由于脉冲能量集中在很小的范围内,因此加工精度较高,可达 0.02～0.01mm,表面粗糙度可达 $Ra1.6\mu$m。

(4)加工时电极丝不与工件直接接触,不存在显著的切削力,有利于加工低刚度工件。

(5)直接利用电、热能进行加工,可以比较方便地对影响加工精度的参数(如脉冲宽度、脉冲间隔、电流等)进行调整,以提高加工精度,便于实现加工过程的自动化。

　　(6)由于切缝很细,而且只对工件进行轮廓加工,实际金属蚀除量很少,材料利用率高,对于贵重金属加工具有重要意义。

　　(7)与一般切削加工相比,线切割加工的生产率较低,成本较高,不适合形状简单的大批量零件加工。

　　(8)非导电材料、盲孔类零件和阶梯表面无法使用线切割机床进行加工。

6.1.2　线切割机床编程中的工艺处理

　　数控电火花线切割加工一般是零件加工的最后一道工序。要达到零件的加工精度要求,应合理设置线切割加工时的各种工艺参数,恰当安排零件的切割路线,并做好加工前的各项准备工作。

　　使用线切割机床加工工件的过程主要包括四个步骤:(1)零件图纸分析;(2)加工前的准备工作;(3)零件加工;(4)零件检验。具体过程如图 6.2 所示。

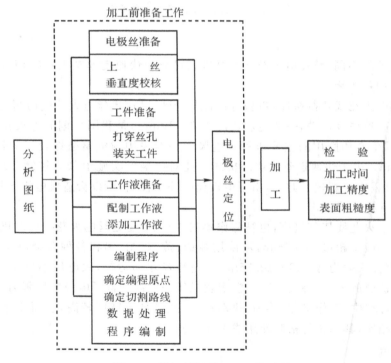

图 6.2　线切割机床加工工件过程

1. 补偿量的确定

　　采用线切割机床加工零件时,电极丝中心运动轨迹与切割轨迹(即零件轮廓线)之间的关系如图 6.3 所示。从图中可以看出,在加工凸模时,为了使零件轮廓尺寸精度达到要求,电极丝中心应沿零件轮廓线向外侧偏移距离 L 后的曲线移动。在加工凹模时,为了使零件轮廓尺寸精度达到要求,电极丝中心应沿零件轮廓线向内侧偏移距离 L 后的曲线移动。

　　由图 6.4 可知,偏移距离可按下式计算:

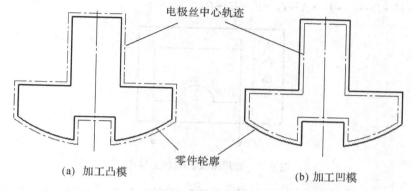

(a) 加工凸模　　　　　　　　　　　　(b) 加工凹模

图 6.3　电极丝中心运动轨迹与零件轮廓之间的关系

$$L = d/2 + \delta$$

式中：d——电极丝直径；

δ——单面放电间隙。

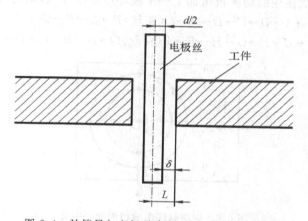

图 6.4　补偿量与电极丝直径、放电间隙间的关系

放电间隙 δ 与工件材料、结构、走丝速度、电极丝张紧情况、导轮的运行状态、工作液种类、供液情况和清洁程度、脉冲电源等因素有关。一般可根据脉冲电源参数与放电间隔之间关系的基本规律估算出放电间隙。对于快走丝机床，当加工电压等于 $60 \sim 80\text{V}$ 时，$\delta = 0.01 \sim 0.02\text{mm}$。偏移量的准确与否将直接影响工件加工的尺寸精度。对加工精度要求较高的工件，可采用试切工件、实测尺寸的方法得到 δ 值。

2. 切割路线的确定

在使用线切割机床加工零件时，切割路线的确定是编程前一项非常重要的工作，必须仔细考虑。切割路线的确定包括切割起点和电极丝走向两方面的内容。切割路线的合理与否会直接影响到工件的加工精度，有时还会影响到工件能否顺利完成切割。

如图 6.5 所示，切割路线可以为：

(1) $P_1 \rightarrow A \rightarrow B \rightarrow C \rightarrow D \rightarrow E \rightarrow F \rightarrow G \rightarrow A \rightarrow P_1$

(2) $P_1 \rightarrow A \rightarrow G \rightarrow F \rightarrow E \rightarrow D \rightarrow C \rightarrow B \rightarrow A \rightarrow P_1$

(3) $P_2 \rightarrow E \rightarrow F \rightarrow G \rightarrow A \rightarrow B \rightarrow C \rightarrow D \rightarrow E \rightarrow P_2$

(4)$P_2 \rightarrow E \rightarrow D \rightarrow C \rightarrow B \rightarrow A \rightarrow G \rightarrow F \rightarrow E \rightarrow P_2$

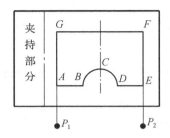

图 6.5   切割路线影响加工精度

如果选择切割路线(2)、(3)、(4),则加工完 AG 边后,由于边 AG 已被切割,因此工件刚度变低,很容易产生变形而影响加工精度。如果选择路线(1),则在整个加工过程中工件的刚度保持较好,加工变形较小。因此,一般而言,工件与其夹持部分分离的切割段安排在整个切割过程的最后进行是比较合理的切割路线。

如图 6.6 所示,欲使用线切割机床加工一个圆环形的零件,切割路线:

(1)先内后外:$O \rightarrow A \rightarrow B \rightarrow C \rightarrow D \rightarrow A \rightarrow O$(穿丝)$P \rightarrow E \rightarrow F \rightarrow G \rightarrow H \rightarrow E \rightarrow P$

(2)先外后内:$P \rightarrow E \rightarrow F \rightarrow G \rightarrow H \rightarrow E \rightarrow P$(穿丝)$O \rightarrow A \rightarrow B \rightarrow C \rightarrow D \rightarrow A \rightarrow O$

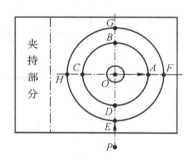

图 6.6   切割路线影响切割能否完成

对于路线(2),当执行路线 $P \rightarrow E \rightarrow F \rightarrow G \rightarrow H \rightarrow E \rightarrow P$ 后,由于工件已经与毛坯完全分离而掉落,所以内环根本无法再进行加工。因此,合理的切割路线应该是路线(1)。

3.穿丝孔位置与尺寸的确定

(1)切割凸模类零件

对于凸模类零件的加工,引入点可以选择在毛坯材料外部,故可不在材料内预制穿丝孔。但有时也需要在毛坯材料内部预制穿丝孔。因为毛坯外形被切断时,会引起工件内应力失去平衡造成工件变形,最终影响加工精度,严重时会造成夹丝、断丝,使切割无法进行。预制穿丝孔后,可尽可能保证毛坯材料完整,减小工件变形,如图 6.7 所示。

(2)切割凹模类零件

对于凹模类零件的加工,引入点应在毛坯材料内部,故必须在待切割区域内预制穿丝孔。穿丝孔边缘距零件轮廓线上切割起点的距离 3~5mm 为宜,此距离太大会造成辅助切割路径太长,降低加工效率。

穿丝孔的大小要适宜,一般不应太小。如果穿丝孔太小,不但钻孔难度较大,而且不易

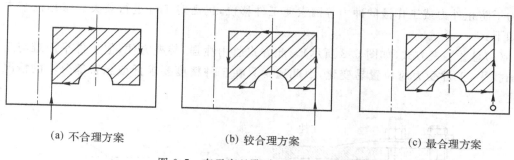

图 6.7 有无穿丝孔时不同的切割方案

穿丝。孔径太大，也没有必要，一般 5mm 左右为宜。

4. 电极丝的选择

电极丝应具有良好的导电性和抗电蚀性，抗拉强度高，材质均匀。常用电极丝有钼丝、钨丝、黄铜丝和包芯丝等。常用电极丝材料及其特点见表 6.1。

表 6.1 常用电极丝材料及其特点

材 料	线 径	特 点
纯铜	0.1~0.25	适合于切割速度要求不高或精加工时使用。丝不易卷曲，抗拉强度低，易断丝
黄铜	0.1~0.30	适合于高速加工，加工面的蚀屑附着少。表面粗糙度和加工面的平直度较好
专用黄铜	0.05~0.35	适合于高速、高精度和理想的表面粗糙度加工以及自动穿丝，但价格较高
钼	0.06~0.25	抗拉强度高，一般用于快速走丝，在进行微细、窄缝加工时，也可用于慢走丝
钨	0.03~0.10	抗拉强度高，可用于各种窄缝的微细加工，但价格昂贵

钨丝和钼丝都具有较高的抗拉强度，故均可作为快走丝线切割机床上的电极丝使用。但由于钨丝价格昂贵，因此钼丝是快走丝机床最常用的一种电极丝。其他电极丝如铜丝、包芯丝等通常在慢走丝机床上使用。

电极丝直径应根据切缝宽度、工件厚度和拐角尺寸大小来选择。若加工带尖角、窄缝的小型模具，则宜选较细的电极丝；若加工大厚度工件或大电流切割时，则应选较粗的电极丝。

5. 工件的装夹

线切割加工时对工件装夹的基本要求为：

（1）工件的装夹基准面应清洁无毛刺，经过热处理的工件，在穿丝孔或凹模类工件扩孔的台阶处要清理热处理液的渣物及氧化膜表面。

（2）夹具精度要高。工件至少用两个侧面固定在夹具或工作台上。

（3）装夹工件的位置要有利于工件的找正，并能满足加工行程的需要，工作台移动时，不得与丝架相碰。

（4）装夹工件的作用力要均匀，不得使工件变形或翘起。

（5）批量加工时，最好采用专用夹具，以提高效率。

（6）细小、精密、壁薄的工件应固定在辅助工作台或不易变形的辅助夹具上。

线切割机床在加工过程中，没有切削力的存在，因此不必用太大的夹紧力来夹紧工件。

但为了防止外力或工作液的冲力等因素使工件移位,仍需对工件进行装夹。常用的装夹方法如下:

(1)悬臂装夹方式(如图 6.8 所示)。此方式通用性强,装夹方便,但工件平面难与工作台面找平,工件受力时位置易变化,因此通常只在工件精度要求低或悬臂部分小的情况下使用。

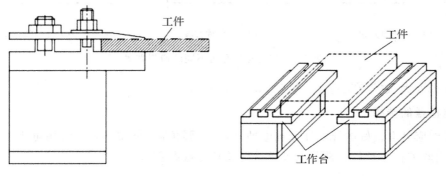

图 6.8　悬臂装夹方式　　　　　　　　图 6.9　两端装夹方式

(2)两端支撑方式。此方式是将工件两端固定在夹具上,如图 6.9 所示。这种方式装夹方便,支撑稳定,定位精度高,但不适合小工件的装夹。

(3)桥式装夹方式。此方式是在两端支撑的夹具上,再架上两块支撑垫铁,如图 6.10 所示。此方式通用性强,装夹方便,大、中、小型工件都适用。

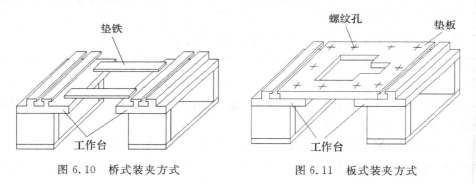

图 6.10　桥式装夹方式　　　　　　　　图 6.11　板式装夹方式

(4)板式装夹方式(如图 6.11 所示)。板式支撑方式是根据常用的工件形状和尺寸,制成具有矩形或圆形孔的支撑板夹具。此方式装夹精度高,适用于常规与批量生产。同时,也可增加纵、横方向的定位基准。

(5)磁性夹具。采用磁性工作台或磁性表座夹持工件,不需要压板和螺钉,操作方便。

6.2　3B 指令编程

目前,线切割机床编程常用的指令格式为 3B、4B 格式以及符合国际标准的 ISO 格式。快走丝线切割机床一般采用 3B、4B 格式,慢走丝机床一般采用 ISO 格式。3B 是无间隙补偿程序格式,不能实现电极丝直径和放电间隙的自动补偿,但可通过计算机辅助编程软件根据补偿量直接计算电极丝中心的坐标而实现补偿。4B 指令格式具有间隙自动补偿功能。国产线切割机床大部分使用 3B 指令格式,故本节重点介绍使用 3B 指令格式的程序编制方法。

6.2.1　指令格式

3B 指令是一种使用分隔符的程序段格式,一般格式见表 6.2。

表 6.2　3B 指令格式

B	X	B	Y	B	J	G	Z
分隔符	X 坐标值	分隔符	Y 坐标值	分隔符	计数长度	计数方向	加工指令

表中,B 为分隔符,用来分隔 X、Y、J 三个数码。B 的数值为零时,零可省略不写,但 B 不能省略。由于每条程序段都是用三个分隔符 B,故此种编程格式被称为 3B 加工指令或 3B 程序段格式。

虽然上述指令格式适用于加工直线或圆弧时程序的编制,但字母 X、Y、J、G、Z 的具体含义在直线和圆弧编程时有较大差异。

1. 坐标值 X、Y

(1)直线段编程时,以线段起点为坐标原点,线段终点的坐标值,并取绝对值,单位为 μm,也可用公约数将 X、Y 缩整数倍。

(2)圆弧段编程时,以圆弧的圆心为坐标原点,圆弧起点的坐标值,并取绝对值,单位为 μm。

如图 6.12 所示,OXY 为机床坐标系。当编写加工直线段 AB 的程序时,坐标系应为 AX_1Y_1,X、Y 的取值应为点 B 在 AX_1Y_1 坐标下 X、Y 坐标值的绝对值;当编写加工圆弧 BC 的程序时,坐标系应为 $O_2X_2Y_2$(O_2 为圆弧 BC 的圆心),X、Y 的取值应为点 B 在 $O_2X_2Y_2$ 坐标下 X、Y 坐标值的绝对值。

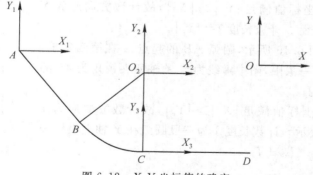

图 6.12　X、Y 坐标值的确定

2. 计数方向 G

可按 X、Y 方向计数,用 GX 或 GY 表示,工作台在该方向每走 $1\mu m$,即计数累减 1,当累积到计数长度 J=0 时,即加工完毕。为了保证加工精度,在编程时必须选择正确的计数

方向。

(1)如图 6.13(a)所示,直线段编程时,若直线段的终点坐标值为(X_e,Y_e),则计数方向分以下三种情形来判断:

①若$|Y_e|>|X_e|$,则计数方向取 Y 方向,用 GY 表示;

②若$|X_e|>|Y_e|$,则计数方向取 X 方向,用 GX 表示;

③若$|X_e|=|Y_e|$,则计数方向取 X 或 Y 方向均可,用 GX 或 GY 表示。

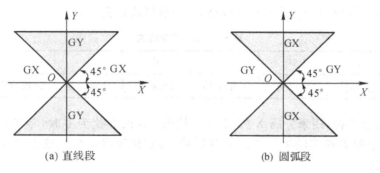

(a) 直线段　　　　　　　　(b) 圆弧段

图 6.13　确定计数方向 G

(2)如图 6.13(b)所示,圆弧段编程时,若圆弧段的终点坐标值为(X_e,Y_e),则计数方向分以下三种情形来判断:

①若$|X_e|>|Y_e|$,则计数方向取 Y 方向,用 GY 表示;

②若$|Y_e|>|X_e|$,则计数方向取 X 方向,用 GX 表示;

③若$|X_e|=|Y_e|$,则计数方向取 X 或 Y 方向均可,用 GX 或 GY 表示。

3. 计数长度 J

计数长度是被加工直线段(或圆弧)在计数方向对应坐标轴上的投影长度总和,以 μm 为单位。

【例 6.1】　如图 6.14 所示,加工直线段 OA,起点为坐标原点,终点为 $A(X_e,Y_e)$,且$|Y_e|>|X_e|$,试确定 G 和 J。

由于终点 A 的坐标值满足$|Y_e|>|X_e|$,故计数方向应为 Y 方向,即 G 用 GY 表示。计数长度$J=|Y_e|$。

【例 6.2】　如图 6.15 所示,圆弧 AB 的起点 A 在第四象限,终点 $B(X_e,Y_e)$ 在第一象限,图中虚线为与 X 轴所夹锐角为 45°的直线。试确定 G 和 J。

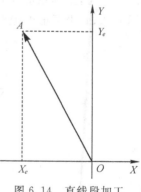

图 6.14　直线段加工

由于终点 B 的坐标值满足$|X_e|>|Y_e|$,故计数方向应为 Y 方向,即 G 用 GY 表示。计数长度 J 为三段圆弧在 Y 轴上投影长度的总和,故$J=J_{Y1}+J_{Y2}+J_{Y3}$。

4. 加工指令 Z

(1)如图 6.16 所示,直线段编程时,按其终点所在象限分为 L1、L2、L3、L4 四种。当出现图 6.16(b)的情形,即被加工直线段与坐标轴方向平行时,程序中的 X、Y 值应均取零,或省略不写。

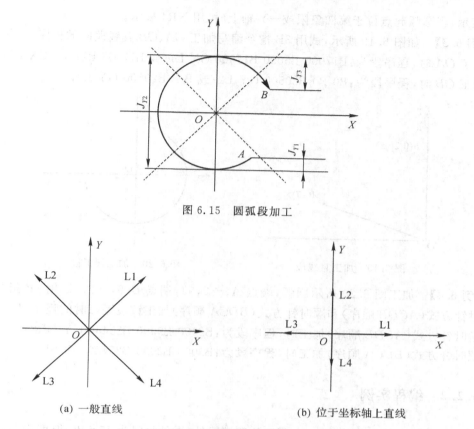

图 6.15　圆弧段加工

图 6.16　直线加工指令

（a）一般直线　　　　　　　（b）位于坐标轴上直线

（2）如图 6.17 所示，顺时针圆弧段编程时，按圆弧起点所在象限及圆弧的走向分 SR1、SR2、SR3、SR4 四种。当圆弧起点位于第一象限或＋Y 轴上时，用 SR1 表示；当圆弧起点位于第二象限或－X 轴上时，用 SR2 表示；当圆弧起点位于第三象限或－Y 轴上时，用 SR3 表示；当圆弧起点位于第四象限或＋X 轴上时，用 SR4 表示。

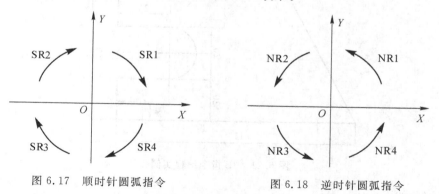

图 6.17　顺时针圆弧指令　　　　图 6.18　逆时针圆弧指令

（3）如图 6.18 所示，逆时针圆弧段编程时，按圆弧起点所在象限及圆弧的走向分 NR1、NR2、NR3、NR4 四种。当圆弧起点位于第一象限或＋X 轴上时，用 NR1 表示；当圆弧起点位于第二象限或＋Y 轴上时，用 NR2 表示；当圆弧起点位于第三象限或－X 轴上时，用

NR3 表示；当圆弧起点位于第四象限或－Y 轴上时，用 NR4 表示。

【例 6.3】　如图 6.19 所示，试用 3B 指令编写加工 OA、OB 直线段时的程序。

加工 OA 时，程序段为：B17000 B5000 B17000 GX L1；或 B17 B5 B17000 GX L1；

加工 OB 时，程序段为：B0 B0 B20500 GY L2；或 B B B20500 GY L2；

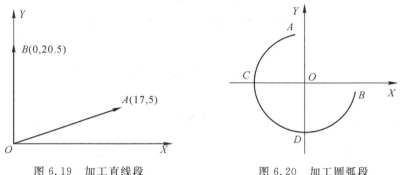

图 6.19　加工直线段　　　　　　　图 6.20　加工圆弧段

【例 6.4】　加工图 6.20 所示圆弧，端点 A（－2,9），端点 B（9,－2），试用 3B 指令编写以逆时针方式（ACDB 顺序）和顺时针方式（BDCA 顺序）加工该段圆弧时的程序。

逆时针方式（ACDB 顺序）加工时，程序段为：B2000 B9000 B25440 GY NR2；

顺时针方式（BDCA 顺序）加工时，程序段为：B9000 B2000 B25440 GX SR4；

6.2.2　编程实例

在线切割机床上加工如图 6.21 所示的凹模零件，零件材料为 45♯钢，厚度为 5mm。点 P 为穿丝孔位置，点 Q 为切入点位置，切割方向如图所示。不考虑电极丝半径及放电间隙引起的误差，利用 3B 指令编写其加工程序。

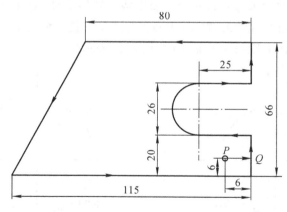

图 6.21　3B 指令编程实例

程序清单如下：

BBB6000GXL1；　　　　　　　　　　　　　从穿丝点 P 切向切入点 Q

BBB14000GYL2；　　　　　　　　　　　　直线切割

BBB25000GXL3；　　　　　　　　直线切割

B0B13000B26000GXSR3；　　　　圆弧切割

BBB25000GXL1；　　　　　　　　直线切割

BBB20000GYL2；　　　　　　　　直线切割

BBB80000GXL3；　　　　　　　　直线切割

B35B66B66000GYL3；　　　　　　直线切割

BBB115000GXL1；　　　　　　　直线切割

BBB6000GYL2；　　　　　　　　　直线切割

BBB6000GXL3；　　　　　　　　　返回穿丝点位置

DD；　　　　　　　　　　　　　　程序结束

6.3 ISO 指令编程

我国数控线切割机床常用的 ISO 代码指令,与国际上使用的标准基本一致。常用指令包括运动指令、坐标方式指令、坐标系指令、间隙补偿指令、M 指令等。

6.3.1 G 指令

线切割机床常用 G 指令的格式、用途与数控铣床指令格式、用途基本类似,此处不再赘述,将其列于表 6.3。

表 6.3　数控线切割机床常用 G 指令

序　号	指令格式	用　途	说　明	备　注
1	G00 X_ Y_	快速定位	X、Y 表示定位点坐标	一组模态指令
2	G01 X_ Y_	直线插补	X、Y 表示直线终点坐标	
3	G02/G03 X_ Y_ I_ J_	顺时针/逆时针圆弧插补	X、Y 表示圆弧终点坐标,I、J 表示圆心相对于起点的坐标增量	
4	G90/G91	坐标方式选择	G90 表示绝对坐标,G91 表示增量坐标	模态指令
5	G92 X_ Y_	坐标系设定	X、Y 表示起始点在工件坐标系中的坐标值	非模态指令
6	G54～G59	坐标系选择		模态指令
7	G40、G41/G42	间隙补偿	G41 表示间隙左补偿,G42 表示间隙由补偿,G40 取消间隙补偿	模态指令

注意事项：

(1)与三轴联动数控铣床编程相比,线切割编程时 G00、G01、G02、G03 指令后的坐标点

仅有 X、Y 坐标，没有 Z 坐标。

（2）与数控铣床编程相比，线切割编程时 G01、G02、G03 指令后没有表示进给速度的 F 指令。这是因为线切割机床的进给速度由数控系统根据所切割工件的材料、厚度、加工参数等条件来确定，因此编程时不能给定进给速度。

（3）部分线切割机床数控系统的编程格式要求，X、Y 坐标以微米为单位，用整数表示；或者以毫米为单位，但必须用小数表示，如 X10 必须写成 X10.0。

6.3.2 条件号指令

C 代码用于选择加工条件，不同的加工条件对应不同的电参数（峰值电流、脉冲宽度、脉冲间隔等）。在其他加工条件相同的情况下，不同的条件号，会产生不同的表面加工质量。因此，在粗加工、精加工阶段可选择不同的条件号。

一般用 C 后面跟三位数字表示，即 C×××。C 和数字间不能有别的字符，数字也不能省略，不够三位要补"0"，如 C003。

6.3.3 工作液开关指令

包括 T84 和 T85 两个指令。T84 为打开液泵指令，T85 为关闭液泵指令。

6.3.4 编程实例

在线切割机床上加工如图 6.22 所示的凸模零件，零件材料为 45♯钢，厚度为 5mm。考虑间隙补偿，电极丝直径 0.16mm，单面放电间隙 0.02mm，利用 ISO 指令编写其加工程序。

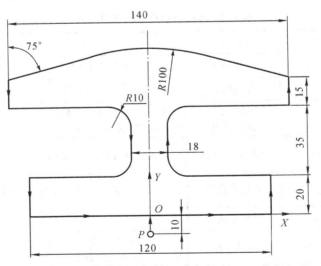

图 6.22 ISO 指令编程实例

点 P 为穿丝孔位置，点 O 为切入点位置，切割方向如图所示。工件坐标设置如图中

OXY 所示。

间隙补偿量 $L=0.16/2+0.02=0.1$，将此值输入 1 号存储器中。

程序清单如下：

O0001	程序名
N100 C001;	设置条件号
N110 G92 X0. Y-10.;	建立坐标系
N160 T84;	打开工作液泵
N170 G42 G01 Y0. H01;	建立间隙补偿,切入 O 点
N180 X60.;	直线插补
N190 Y20.;	直线插补
N200 X19.;	直线插补
N210 G02 X9. Y30. J10.;	顺时针圆弧插补
N220 G01 Y45.;	直线插补
N230 G02 X19. Y55. I10.;	顺时针圆弧插补
N240 G01 X70.;	直线插补
N250 Y70.;	直线插补
N260 X25.882 Y81.821;	直线插补
N270 G03 X-25.882 I-25.882 J-96.593;	逆时针圆弧插补
N280 G01 X-70. Y70.;	直线插补
N290 Y55.;	直线插补
N300 X-19.;	直线插补
N310 G02 X-9. Y45. J-10.;	顺时针圆弧插补
N320 G01 Y30.;	直线插补
N330 G02 X-19. Y20. I-10.;	顺时针圆弧插补
N340 G01 X-60.;	直线插补
N350 Y0.;	直线插补
N360 X0.;	直线插补
N370 G40 Y-10.;	取消补偿,退回到起点
N390 M02;	程序结束

6.4 基于 CAXA 的程序编制

6.4.1 CAXA 线切割 XP 简介

CAXA 线切割 XP 是北京数码大方科技有限公司开发的一款线切割机床计算机辅助编程软件。它可以完成绘图设计、加工代码生成、联机通讯等功能，集图纸设计和代码编程于一体，可直接读取 EXB 格式文件、DWG 格式文件、任意版本的 DXF 格式文件以及 IGES 格式、DAT 格式等各种类型的文件，使得所有 CAD 软件生成的图形都能直接读入 CAXA 线切割 XP。不管用户的数据来自何方，均可利用 CAXA 线切割 XP 完成加工编程，生成 3B 加工代码。

其主操作界面如图 6.23 所示。

图 6.23　CAXA 线切割 XP 主界面

6.4.2 编程步骤

应用 CAXA XP 编写线切割加工程序可按如下步骤进行：
(1)绘制零件轮廓线。
(2)设置加工参数。
(3)生成 3B 加工代码。

6.4.3 编程实例

在线切割机床上加工如图 6.24 所示的凹模零件,零件材料为铝合金,厚度为 8mm。

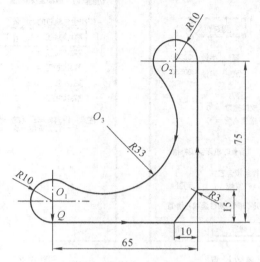

图 6.24 CAXA 线切割编程实例

点 O_1 为穿丝孔位置,点 Q 为切入点位置,切割方向如图所示。考虑间隙补偿,电极丝直径 0.16mm,单面放电间隙 0.02mm,利用 CAXA 线切割 XP 生成 3B 指令加工程序。

1. 绘制零件轮廓线

方法一:在 CAXA 线切割 XP 绘图环境下,根据图 6.24 给出的零件尺寸,绘制图 6.25 所示的零件轮廓线。

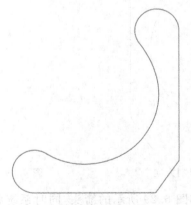

图 6.25 零件轮廓线

方法二:应用 AutoCAD(或其他绘图软件如 Solidworks、UGII 等)绘制图形,然后通过【文件】→【数据接口】→【DWG/DXF 文件读入】,打开以 *.dwg 或 *.dxf 格式保存的文件。

2. 设置加工参数

在菜单栏点击【线切割】→【轨迹生成】,在弹出的【线切割轨迹生成参数表】对话框【切割参数】选项卡上设置如图 6.26 所示的参数,在【偏移量/补偿值】选项卡上设置如图 6.27 所示的参数。

 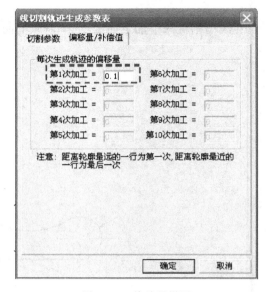

图 6.26　切割参数设置　　　　　　　图 6.27　偏移量设置

点击【确定】后,系统左下角状态栏中会提示【拾取轮廓】,在图形区域第一条要切割的轮廓线上点击鼠标,系统显示如图 6.28 所示。此时系统状态栏提示【请选择拾取方向】(此方向决定切割方向),在图形区域指向右侧的箭头上点击鼠标。

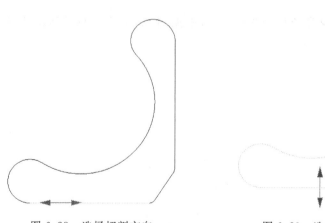

图 6.28　选择切割方向　　　　　　　图 6.29　选择加工侧边

接下来图形区域会显示如图 6.29 所示的箭头,同时系统状态栏提示【选择加工的侧边或补偿方向】(此方向决定加工轮廓线的内侧还是外侧),在图形区域指向内侧的箭头上点击鼠标。

接下来系统状态栏提示【输入穿丝点位置】,在图形区域捕捉 O_1 点。系统状态栏提示【输入退出点】,直接回车。系统状态栏再提示【输入切入点】,直接回车。生成的切割路径如图 6.30 所示。

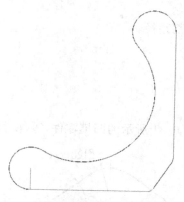

图 6.30　生成的切割路径

3. 生成 3B 加工代码

在菜单栏点击【生成 3B 代码】，在弹出的对话框中输入文件名以及保存路径。点击【确定】后，系统状态栏提示【拾取加工轨迹】，在图形区域点击上步已经生成的加工轨迹，并在左下角状态栏处选择【紧凑指令格式】

`1:紧凑指令格式 ▼ 2:显示代码 ▼ 3:停机码 DD 4:暂停码 D`，生成的 3B 格式程序如下：

```
B0B9900B9900GYL4
B53394B0B53394GXL1
B0B2900B1291GYNR4
B8606B12909B12909GYL1
B2413B1609B1609GYNR4
B0B59091B59091GYL2
B9900B0B26384GYNR1
B24719B22013B59099GXSR1
B5270B8381B25070GXNR1
B1B9900B9900GYL1
DD
```

6.5　基于 MasterCAM 的程序编制

6.5.1　基于 MasterCAM 的编程步骤

应用 MasterCAM 编写线切割加工程序可按如下步骤进行：

（1）绘制零件轮廓线。

（2）选择机床类型。

（3）设定工件坐标系。

（4）设置加工参数，生成切割路径。

（5）生成 ISO 加工代码。

6.5.2　编程实例

在线切割机床上加工如图 6.31 所示的凹模零件，零件材料为 45♯钢，厚度为 6mm。

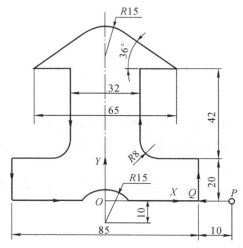

图 6.31　MasterCAM 线切割编程实例

点 P 为引入点位置，点 Q 为切入点位置，切割方向如图所示。考虑间隙补偿，电极丝直径 0.16mm，单面放电间隙 0.02mm，利用 MasterCAM 生成 ISO 指令加工程序。

1. 绘制零件轮廓线

根据图 6.31 给出的零件尺寸，绘制图 6.32 所示的零件轮廓线。

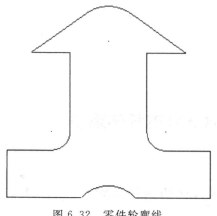

图 6.32　零件轮廓线

2. 选择机床类型

在菜单栏点击【机床类型】→【线切割】→【默认】。

3.设定工件坐标系

点击【F9】查看工件坐标系位置,如果不在图 6.31 所示的位置,则将其平移到该位置,如图 6.33 所示。

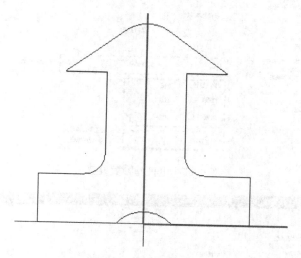

图 6.33 工件坐标系设置

4.设置加工参数,生成切割路径

在菜单栏点击【刀具路径】→【轨迹生成】,在弹出【串联选项】后,如图 6.34 所示在图形区域选择第一条要切割的轮廓(此线段的起点决定切入点位置),并使箭头方向指向上方(此方向决定切割方向)。

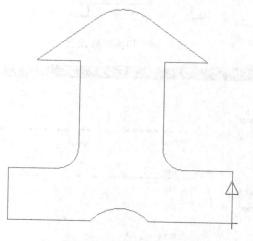

图 6.34 串联选择

在弹出的【线切割刀具路径-外形参数】对话框中,点击左边参数管理区域中的【电极丝/电源设置】。在右边的参数设置页面上设置如图 6.35 所示的参数。

依次设置【切削参数】、【补正参数】、【引导参数】、【引导距离】如图 6.36、6.37、6.38、6.39 所示。

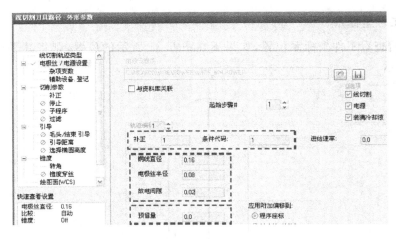

图 6.35　电极丝参数设置

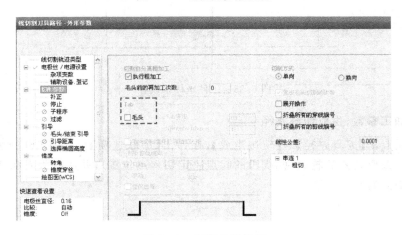

图 6.36　切削参数设置

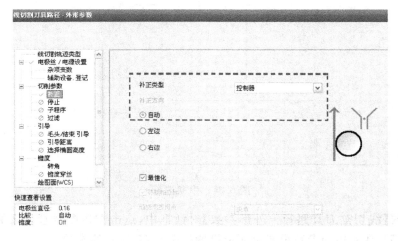

图 6.37　补正参数设置

点击 ✅ 后，可生成如图 6.40 所示的切割路径。

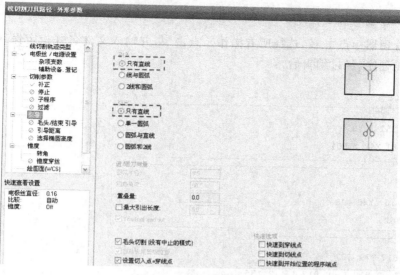

图 6.38　引导参数设置

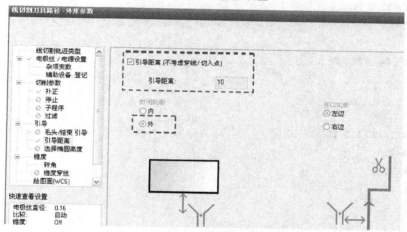

图 6.39　引导距离设置

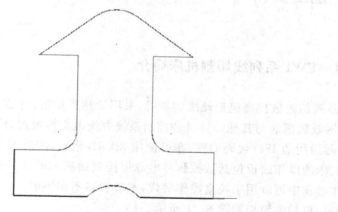

图 6.40　生成的切割路径

5. 生成 ISO 指令加工程序

在操作管理器中点击 ☑ ,选择所有操作。点击 **G1** ,并输入文件名并指定保存路径后,可输出如下加工程序(经过编辑后):

```
O0001
N100 C001 T84
N110 G92 X52.5 Y0.
N170 G42 G1 X42.5 H01
N180 Y20.
N190 X24.
N200 G2 X16. Y28. J8.
N210 G1 Y62.
N220 X32.5
N230 X8.817 Y79.207
N240 G3 X-8.817 I-8.817 J-12.135
N250 G1 X-32.5 Y62.
N260 X-16.
N270 Y28.
N280 G2 X-24. Y20. I-8.
N290 G1 X-42.5
N300 Y0.
N310 X-11.1803
N320 G2 X11.180 I11.180 J-10.
N330 G1 X42.5
N340 G40 X52.5
N350 M02
```

6.6 加工实训

6.6.1 FW1 系列线切割机床简介

FW1 系列精密数控高速走丝线切割机,采用计算机控制,可 X、Y、U、V 四轴联动,通过 LAN 局域网或软驱能与其他计算机和控制系统方便地交换数据,放电参数可自动选取与控制,采用国际通用的 ISO 代码编程,亦可使用 3B/4B 格式,配有 CAD/CAM 系统。FW1 系列线切割机床的操作面板包括数控脉冲电源柜控制面板和贮丝筒操作面板,因贮丝筒操作面板在操作过程中可以用手控盒操作替代,本节省略不作讲解。

线切割主机和电源柜如图 6.41 所示。

手控盒的界面如图 6.42 所示。在手动、自动模式,如果没有按 F 功能键,没有执行程序,即可使用手控盒来进行轴移动和冷却泵、贮丝筒的开关。显示器的右下角有点动速度显

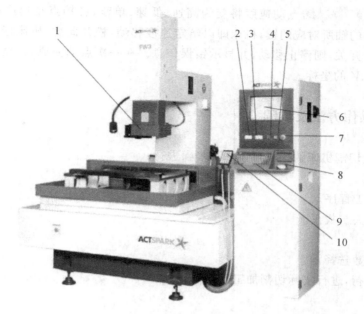

1—U、V 轴;2—电压表;3—电流表;4—开机按钮
5—关机按钮;6—显示器;7—急停开关;8—鼠标;9—键盘;10—手控盒

图 6.41 主机及电柜

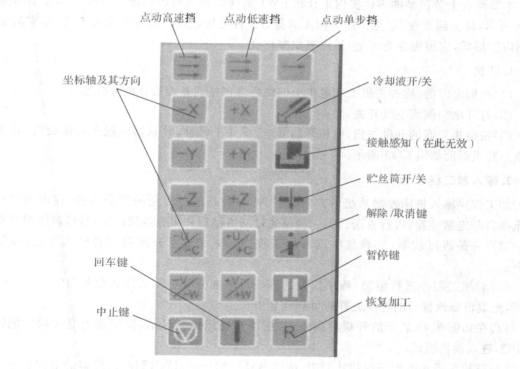

图 6.42 手控盒

示,按手控盒的▇▇▇▇,点动速度将变为高速、低速、单步,各挡点动速度在出厂时已调好。按下要移动的轴所对应的键,机床即以给定速度移动,松开此键,机床停止移动。若在移动中遇到限位开关,则停止移动,并显示错误信息。在一次点动完成后,显示器的坐标区显示 X、Y、Z、U、V 的坐标。

6.6.2　操作方法及步骤

FW 系列线切割机床的操作可按如下步骤进行:

(1)开机。

(2)输入加工程序。

(3)工件装夹与找正。

(4)对刀。

(5)脉冲参数选择。

(6)程序执行,进行实际切割加工。

(7)关机。

6.6.3　加工实例

本节结合上节例举的零件实例来介绍 FW1 系列线切割机床的操作方法。零件图如图 6.24 所示,加工起点在 O_1 点。加工前先准备好工件毛坯、压板、夹具等装夹工具,本实例需切割内腔形状,应预先在毛坯上 O_1 点打出穿丝孔。

1. 开机

(1)在加电以前,检查主机上和电柜上的红色急停按钮是否处在断开状态。

(2)打开电柜侧面空气开关。

(3)按电柜正面的开机按钮,电柜开始通电,等几十秒钟,显示器出现正常画面后,启动结束。开机画面如图 6.43 所示。

2. 输入加工程序

加工程序输入机床控制系统的方法有三种,一种是通过专用的发送软件,使用 RS232 通讯接口与电脑连接,进行发送。另一种是通过网络接口和服务器端连接,直接调用网络资源。第三种是通过软驱,从软盘中读入加工程序。下文重点介绍第三种输入方法,步骤如下:

(1)对加工程序进行编辑,程序指令的每一行末加分号";",文件名命名为"＊＊＊＊.NC",把编辑修改好后的程序文件拷贝到软盘中。

(2)在如图 6.43 所示的开机界面中,根据屏幕功能键区显示,按键盘上对应的功能键【F10】,进入编辑模式。

(3)把软盘插入电柜正面的软驱中,按键盘对应的功能键【F1】装入,屏幕的下方显示一行信息:"从硬盘(按 D)或软盘(按 B)装入?"

(4)按键盘上的【B】键,系统读取软盘中的程序文件,显示到屏幕右侧,第一行的程序名

坐标显示区　　　　　　　　　　　参数显示区　　　加工条件区

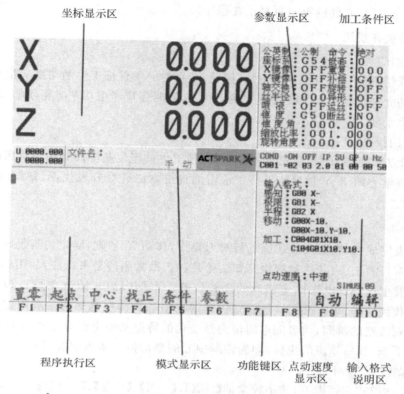

程序执行区　　　　　　模式显示区　　　功能键区　点动速度　输入格式
　　　　　　　　　　　　　　　　　　　　　　　　显示区　　说明区

图 6.43　开机界面

显示为红色,如图 6.44 所示。

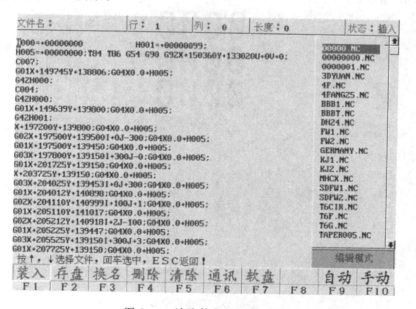

图 6.44　读取软盘的程序文件

(5)按键盘上的【↑】【↓】键移动光标,选择要装入的文件名,按回车键,程序开始装入。

（6）装入完成后，文件的第一页显示在程序区。

3. 工件装夹并找正

（1）工件的装夹

电火花线切割是一种贯穿加工方法，因此，装夹时必须保证工件的切割部位悬空于机床工作台行程的允许范围之内。装夹位置便于找正，同时还应考虑切割时钼丝的运动空间，避免加工中发生干涉。

（2）工件的找正

采用以上方式装夹工件，还必须找正工件，使工件的定位基准面分别与机床的工作台面和工作台的进给方向 X、Y 轴保持平行。常用的找正方法有百分表找正、划线法找正、角尺目测找正等。

4. 对刀

工件装夹完成后，在加工前还应进行对刀操作，移动 X、Y 轴，确定切割起始位置。对刀的方法一般有目测法、火花法和接触感知法等几种。最常用的是火花法，利用钼丝与工件在一定间隙下发生火花放电来确定钼丝的坐标位置。本例因为起始点在圆心 O_1 点，手动对刀难以正确找到中心，可以采用接触感知法自动找中心。接触感知法是利用钼丝与工件基准面由绝缘到短路的瞬间，两者间电阻值突然变化的特点来确定钼丝接触到了工件，并在接触点自动停下来，显示该点的坐标，即为钼丝中心的坐标值。本系统线切割机床具有自动找中心功能，操作方法如下：

（1）在手动模式主画面下，按手控盒的【＋X】、【－X】、【＋Y】、【－Y】键，移动坐标值使钼丝大概位于中心位置，按键盘的【F3】功能键，屏幕上出现提示："按回车键确认后自动找中心！"如图 6.45 所示。

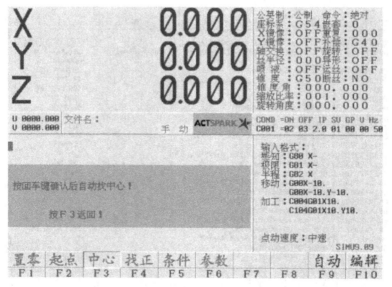

图 6.45　自动找中心

（2）如果此时贮丝筒正好位于换向位置，屏幕出现提示："请将丝筒移离限位后，按回车键继续执行！按 F3 键返回！"此时手动将贮丝筒移开限位位置，按键盘上的【Enter】键继续执行。

(3)按【Enter】键后,系统开始自动找中心,屏幕提示:"正在找中心,按██键中止!"

(4)正常找中心结束,屏幕提示:"找中心结束,按 F3 键返回!"此时钼丝位于圆心 O_1 点位置。按【F3】键,屏幕返回到手动模式主画面。

(5)本例起始位置在中心,需先手动把钼丝穿入穿丝孔才能进行上述自动找中心操作。如果其他零件加工外形,可以用手控盒操作进行对刀,在手动模式主画面按【F4】键,按屏幕提示操作手控盒进行。

在使用接触感知法或自动找中心对刀时,要注意以下几点:

(1)使用前要校直钼丝,保证钼丝与工件基准面或内孔的母线平行。

(2)保证工件基准面或内孔孔壁无毛刺、脏污,接触面不能是未加工过的毛坯表面,最好经过精加工处理。

(3)保证钼丝上无脏污,导轮、导电块要擦干净。

(4)保证钼丝有足够张力,不能太松,并检查导轮是否有松动、窜动等。

(5)如果要求较高,为提高定位精度,可重复进行几次后取平均值。

5. 脉冲参数选择

加工前应先根据工件材料、加工厚度及加工表面质量要求等调整好加工脉冲参数。脉冲参数主要包括脉冲宽度、脉冲间隙、峰值电流等电参数。本系统已根据不同的工件材料,设置了 C001～C840 共 80 个条件号,用户只要根据工件材料和加工厚度,选择不同的条件号即可。在非加工状态下,按【F5】键,显示系统加工条件参数表,如图 6.46 所示。

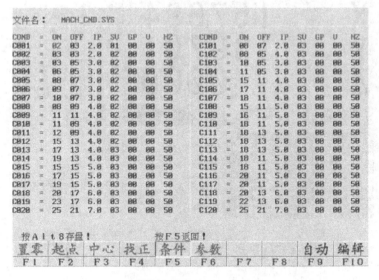

图 6.46　加工条件

编写加工程序时,可以程序首行加入选择好的加工条件号语句,如"C020",条件号的含义如图 6.47 所示,本例加工使用的钼丝直径为 $\phi0.2mm$。

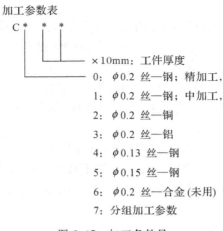

图 6.47　加工条件号

6. 程序执行,进行实际切割加工

加工准备完毕后,可进入自动模式启动运行程序。在自动模式,可以执行在编辑方式已编辑好的 NC 程序,这个程序已被装入内存缓冲区,可以进行模拟、单步运行,以检验程序的运行状况。

(1)按【F9】功能键,进入自动模式主画面,加工程序的前 10 行显示在如图 6.43 所示屏幕的程序执行区,如图 6.48 所示。

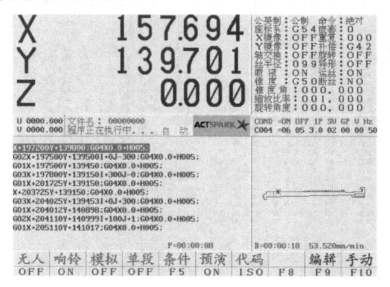

图 6.48　自动模式画面

(2)因 CAXA 线切割软件生成的程序代码为 3B 格式,需要转换系统默认自动执行的 ISO 代码,按【F7】功能键,ISO 代码变为 3B 代码,检查屏幕各区显示正常后,按【Enter】键或手控盒的回车键▊,程序自动启动运行,系统会描画一次程序模拟加工结果来检查程序是否有代码错误,以及所编程序是否是预期需要的效果,以免实际加工后造成不良后果。

（3）如果没有问题，主机贮丝筒会自动启动旋转，冷却液泵会自动开启，开始进行切割加工，屏幕显示："程序正在执行中……"

（4）如果程序指令有错误，屏幕会显示："＊＊＊行 NC 代码错误！"，此时需要通过编辑模式，进入程序编辑修改正确后，再重新运行。

（5）程序执行过程中，可以按手控盒的暂停键 ▮▮ 暂停加工，按恢复加工键 R 继续执行。

（6）如果要中止运行，按手控盒的中止键 ▽ ，程序停止运行，屏幕提示："按 ▽ 键退出，按 ↑ 键解除信息！"，按 ▯ 键后，报警信息解除。

（7）程序运行结束后，屏幕提示："程序执行完成！"，系统返回手动模式主画面。

注意：

进入自动画面前必须在编辑方式准备好 NC 程序。在自动方式，没有提供修改程序功能。如果要修改程序，要回到编辑方式进行修改。

7. 关机

（1）工件加工完毕后，应保养机床，擦干净工作台面并加机油润滑。

（2）贮丝筒停在靠近两个极限位置附近，工作台移动到大概中间位置。

（3）按电柜正面【关机】按钮，再关闭电柜侧面空气开关，系统断电。

6.6.4　安全操作规程与注意事项

（1）保护机床，开机前按照机床说明书要求，对各润滑点加油。

（2）按照线切割加工工艺正确选用加工参数，按规定的操作顺序操作，加工行程不应超出各坐标轴的极限范围，以免损坏机床。

（3）使用摇把转动贮丝筒后，应及时取下，防止贮丝筒转动时将摇把甩出伤人。

（4）装卸钼丝时应注意防止钼丝扎手。卸下的废丝应放在规定的容器内，禁止乱扔造成电路短路等故障。

（5）停机时，应把贮丝筒移动到靠近两个极限的位置。

（6）注意工件材料内部残余应力对加工的影响，防止切割过程中工件爆裂伤人，加工时应安装好防护罩。

（7）工件安装应小心轻放，避免碰断钼丝或损坏工作台表面。

（8）加工区域内不得有其他杂物，以免工件运动过程中碰落、短路，造成加工中断，伤及人身、损坏机床。

（9）注意加工区域周围电线电缆，防止发生触电事故。

（10）禁止用湿手操作开关、键盘或接触电器部分，防止工作液及导电物体进入电器箱。

（11）检修时应断开电源，防止触电。

习 题

6.1 按走丝速度的不同,电火花线切割机床可以分为哪几类? 各有什么特点?

6.2 简述使用线切割机床加工工件的过程。

6.3 使用线切割机床加工零件时,为什么要进行间隙补偿? 补偿量如何计算?

6.4 快走丝线切割机床通常选用什么材料的电极丝? 为什么?

6.5 写出 3B 指令程序段的基本格式。

6.6 使用 3B 指令编写图 6.49 所示凸模零件的线切割加工程序。

6.7 使用 ISO 指令编写图 6.50 所示凹模零件的线切割加工程序。

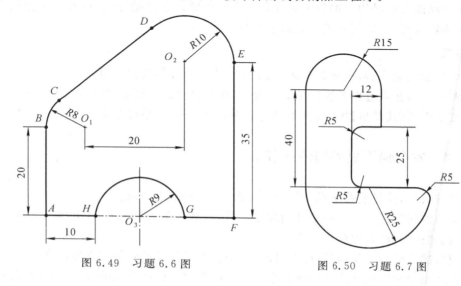

图 6.49 习题 6.6 图   图 6.50 习题 6.7 图

参考文献

[1] 顾京. 数控机床加工程序编制(第 4 版). 北京:机械工业出版社,2009.

[2] 聂秋根,陈光明. 数控加工实用技术. 北京:电子工业出版社,2007.

[3] 钟日铭,李俊华. MasterCAM X3 基础教程. 北京:清华大学出版社,2009.

[4] 王爱玲. 现代数控编程技术及应用(第 2 版). 北京:国防工业出版社,2005.

[5] 朱晓春. 数控技术(第 2 版). 北京:机械工业出版社,2006.

[6] 顾京. 数控加工编程及操作. 北京:高等教育出版社,2003.

[7] FANUC 0i-md 加工中心系统用户手册. 北京:北京数控 FANUC 服务中心,2005.

[8] HNC21M 世纪星铣削数控装置编程说明书. 武汉:华中数控股份有限公司,2003.

[9] 王彪. 数控加工技术. 北京:北京大学出版社,2005.

[10] 田春霞. 数控加工工艺. 北京:机械工业出版社,2006.

[11] 赵玉刚. 数控技术. 北京:机械工业出版社,2003.